全国职业培训推荐教材
人力资源和社会保障部教材办公室评审通过
适合于职业技能短期培训使用

乌龙茶加工
基本技能

林清兰　主编

中国劳动社会保障出版社

图书在版编目（CIP）数据

乌龙茶加工基本技能/林清兰主编. —北京：中国劳动社会保障出版社，2014

ISBN 978-7-5167-1300-6

Ⅰ.①乌… Ⅱ.①林… Ⅲ.①乌龙茶-加工-基本知识 Ⅳ.①TS272.5

中国版本图书馆 CIP 数据核字（2014）第 168229 号

中国劳动社会保障出版社出版发行

（北京市惠新东街 1 号　邮政编码：100029）

*

北京金明盛印刷有限公司印刷装订　新华书店经销

850 毫米×1168 毫米　32 开本　3.5 印张　87 千字
2014 年 7 月第 1 版　2014 年 7 月第 1 次印刷

定价：8.00 元

读者服务部电话：（010）64929211/64921644/84643933
发行部电话：（010）64961894
出版社网址：http://www.class.com.cn

前言

职业技能培训是提高劳动者知识与技能水平、增强劳动者就业能力的有效措施。职业技能短期培训，能够在短期内使受培训者掌握一门技能，达到上岗要求，顺利实现就业。

为了适应开展职业技能短期培训的需要，促进短期培训向规范化发展，提高培训质量，中国劳动社会保障出版社组织编写了职业技能短期培训系列教材，涉及第二产业和第三产业百余种职业（工种）。在组织编写教材的过程中，以相应职业（工种）的国家职业标准和岗位要求为依据，并力求使教材具有以下特点：

短。教材适合 15～30 天的短期培训，在较短的时间内，让受培训者掌握一种技能，从而实现就业。

薄。教材厚度薄，字数一般在 10 万字左右。教材中只讲述必要的知识和技能，不详细介绍有关的理论，避免多而全，强调有用和实用，从而将最有效的技能传授给受培训者。

易。内容通俗，图文并茂，容易学习和掌握。教材以技能操作和技能培养为主线，用图文相结合的方式，通过实例，一步步地介绍各项操作技能，便于学习、理解和对照操作。

这套教材适合于各级各类职业学校和职业培训机构在开展职业技能短期培训时使用。欢迎职业学校、培训机构和读者对教材中存在的不足之处提出宝贵意见和建议。

人力资源和社会保障部教材办公室

简介

　　本书首先对乌龙茶分类及产区、乌龙茶加工基本工序进行简要介绍，在此基础上，对闽南乌龙茶、闽北乌龙茶、广东乌龙茶、台湾乌龙茶的加工方法进行详细介绍，使学员通过学习能快速上岗。

　　本书从当前乌龙茶加工的基本岗位实际要求出发，精简理论，突出技能操作。全书语言通俗易懂，适合广大有兴趣的学员，通过本书的学习能够达到乌龙茶加工岗位的工作要求，快速上岗。

　　本书由林清兰主编，林素彬、易耀伟、陈毅强、林小江参与编写。

目录

第一单元　乌龙茶加工概况

模块一　乌龙茶分类及产区分布

乌龙茶，也称青茶，是中国最具特色的茶类。乌龙茶属于半发酵茶，品质介于绿茶与红茶之间，既有绿茶的清香，又有红茶的甜醇，被称为茶叶中的"香槟"。由于茶树品种、生长环境、加工技术（做青程度、外形塑造、烘焙火候）的不同，能产生种类繁多的果香和花香，形成各具特色的口感风味。

乌龙茶产区主要是福建、广东、台湾。闽南安溪是乌龙茶的发源地和主要产区，乌龙茶生产的历史最为悠久，茶色品种最多，品质最好。近年在江西、海南等省也有生产。根据产地生态环境、茶树品种、制法和品质特点的不同，可分为闽南乌龙茶、闽北乌龙茶、广东乌龙茶、台湾乌龙茶。

一、闽南乌龙茶

闽南乌龙茶产于安溪、华安、三明、永春、漳平、德化、平和、云霄等县。闽南乌龙茶以安溪铁观音最出名，常见品种还有黄金桂、本山、毛蟹、漳平水仙、诏安八仙、平和白芽奇兰等。

"铁观音"既是茶名，又是茶树品种名。铁观音外形条索紧结，有的形如秤钩，有的状似蜻蜓头，色泽砂绿起霜，香气馥郁幽长，滋味醇厚回甘，七泡有余香，具有特殊的"音韵"。

二、闽北乌龙茶

闽北乌龙茶产于武夷山和建瓯、建阳、水吉等地。闽北乌龙茶以武夷山大红袍为代表，水仙、肉桂在数量上和质量上异军突起，成为当家品种，常见名枞有水金龟、铁罗汉、白鸡冠等。

武夷岩茶产自福建的武夷山。武夷岩茶外形肥壮匀整，紧结卷曲，色泽光润，叶背起蛙状，香气浓郁，滋叶浓醇，鲜滑回甘，具有特殊的"岩韵"（即岩骨花香），叶底叶缘朱红或起红点，中央呈黄绿色。

三、广东乌龙茶

广东乌龙茶产于汕头地区的潮安、饶平，丰顺、蕉岭、平远、揭东、揭西、普宁、澄海，梅县地区的大埔，惠阳地区的东莞。广东乌龙茶可分为凤凰单枞、凤凰水仙、岭头单枞、饶平色种，石古坪乌龙等。以潮汕的凤凰单枞最具代表性，常见的品种有蜜兰香、芝兰香、黄枝香、杏仁香（锯斗）等。

凤凰单枞茶条形壮实而卷曲，叶色浅黄带微绿。汤色黄蜜绿，香气清长，多次冲泡，余香不散，甘味尤存，具有独特的"山韵"特征。

四、台湾乌龙茶

台湾乌龙茶分布在北部的新北县、台北县、苗栗县，中部的台中县、南投县，南部的嘉义县，东部的宜兰县、台东县等地。以南投、嘉义最多。台湾乌龙茶以冻顶乌龙为代表，常见品种有文山包种茶、白毫乌龙（也称东方美人）、金萱、翠玉等。台湾乌龙茶外形卷曲，呈青褐色，茶汤橙红，滋味纯正，富有浓烈的果香，冲泡后叶底绿腹红边，以南投县的冻顶乌龙茶最为名贵。

模块二　乌龙茶加工基本工序

茶叶初制从严格意义上来讲是从鲜叶的采摘开始的。乌龙茶的初制工序简单归纳为采摘、萎凋、做青、杀青、揉捻、干燥六道。不同产区的青茶都经过这六道工序，但在具体工序上又不尽相同。鲜叶是物质基础，萎凋是前提条件，做青是关键工序，杀青是品质的固定，揉捻是外形的塑造，干燥是品质的提升。做青为乌龙茶香气和滋味的形成奠定基础。

一、采摘

1. 鲜叶质量

鲜叶是茶叶初制的物质基础，鲜叶的质量决定成品茶的品质。鲜叶的质量体现在两个方面，一是鲜叶的品种优劣、田间管理的水平高低；二是鲜叶采摘时的成熟度、匀度、新鲜度。茶叶初制的鲜叶质量主要指第二个方面。

（1）成熟度。鲜叶的成熟度是指芽叶伸育的成熟程度，是鲜叶内所含成分综合的外在表现。乌龙茶采摘以具有一定成熟度的鲜叶为原料。闽南乌龙茶采摘中至大开面鲜叶，闽北乌龙茶、广东乌龙茶和台湾乌龙茶一般采摘小开面至中开面鲜叶。

一般当新梢伸育形成驻芽时，采2～4叶（或对夹叶）为原料，俗称"开面"采。鲜叶采摘按开面程度的不同，可将鲜叶开面分为三种：小开面、中开面、大开面。

小开面（见图1—1）：顶叶形成驻芽，第一张叶片的叶面积相当于第二张叶片叶面积1/2左右的新梢。

图1—1　小开面

中开面（见图1—2）：顶芽形成驻芽，第一张叶片叶面积相当于第二张叶片叶面积的2/3左右的新梢。

大开面（见图1—3）：顶芽形成驻芽，第一张叶片叶面积与第二张叶片叶面积相接近的新梢。

对夹叶：由于生长不良或芽头过密，仅长出1～2片真叶即形成驻芽的新梢。

图1—2　中开面

图1—3　大开面

春秋茶一般要求顶叶小开面4~5分成熟，采驻芽2~3叶，以3叶为佳。夏暑茶可适当嫩采。

（2）匀度。鲜叶的匀度主要指老嫩混杂的程度。匀度好的鲜叶有利于后续工序的顺利进行。

（3）新鲜度。新鲜度是指离体鲜叶保持原有理化性状的程度。鲜叶内含物在储运过程中存在被消耗或转化的现象，应尽量避免挤压、损伤、发热症状。储运过程宜采用竹制茶篓、茶筐，通风、透气、遮光、防机械损伤。每隔1 h左右收青一次，薄装快运。运回加工场后立即进行薄摊上架，及时散热，确保鲜叶的完整、纯净、鲜活。

2.鲜叶采摘要求

鲜叶采摘要做到"三分开""三不带"。"三分开"即不同品种分开；早、午、晚青分开；不同鲜叶分开（如不同成熟度、不同海拔、不同管理水平等）。"三不带"即不带梗蒂、不带单叶、不带鱼叶。

3. 采摘方式

采摘方式：手工采摘、剪刀采摘、小弯刀采摘、采茶机采摘等。

（1）手工采摘即常用的"虎口对芯"法。避免机械损伤，新梢长度适宜，采下的鲜叶均匀一致，采摘时能做到"三不带"，防止一把抓。

（2）剪刀采摘、小弯刀采摘常见于安溪铁观音的采摘。

（3）采茶机采摘常用的有单人采茶机和双人采茶机。本山、黄金桂、毛蟹等常采用这种方式采摘。

> **提示**
>
> 采摘铁观音时要注重采摘标准和方法，一般采摘中开面一芽二三叶，不能用指甲去"掐"断叶梗，采时要做到"五不"，即不折断叶片、不折叠叶张、不碰碎叶尖、不带单片、不带鱼叶和老梗。

4. 采摘时间与时期

乌龙茶采摘的最佳时间为晴朗天气上午 11 时到下午 4 时，俗称"午青"。上午 11 时以前采的茶青称为"早青"。下午 4 时以后采摘的茶青称为"晚青"。午青内含物质较丰富；早青露水未干、内含物质较少；晚青往往来不及晒青。

全年的采茶时期不同，大体如下：

春茶：谷雨至立夏后。

夏茶：夏至前后至小暑前。

暑茶：立秋前后至处暑。

秋茶：秋分前后至寒露。

冬片：霜降后至立冬。

考虑到茶树的营养供给和鲜叶的品质，安溪铁观音一般只采春秋两季，夏暑留养；武夷岩茶、凤凰单枞一般只采春茶。

二、萎凋

乌龙茶的萎凋包括凉青、晒青。凉青是将运回来的鲜叶薄摊在水筛上摊凉，而晒青需置于室外接受日照辐射。

1. 萎凋目的和作用

萎凋的目的和作用包括以下三点：一是蒸发水分，提高酶的活性；二是挥发部分具有青草气的低沸点芳香物质，形成部分新的芳香物质；三是改变色素的组成。萎凋过程散失部分水分，青草气部分散发，清香显露，叶色转暗绿。萎凋过程的失水率根据不同产区有所不同。

2. 萎凋方式

乌龙茶萎凋方式有四种：日光萎凋、室内自然萎凋、加温萎凋、空调萎凋。

（1）日光萎凋也称晒青，是最佳的萎凋方式，运用广泛并节能。日光萎凋适宜弱光或中强光。一般以上午 11 时前和下午 2 时以后进行较为适宜，而以下午 4 时左右阳光较弱时进行最为适宜。

（2）室内自然萎凋也称凉青，常见于高温低湿的夏暑季节。

（3）加温萎凋常见于春季低温雨天。

（4）空调萎凋常见于闽南地区清香型铁观音的制作，也可用于雨天、夏暑高温季节人工控制温湿度。

3. 萎凋要点

萎凋时将茶青薄摊在水筛或晒青布上，置于室内凉青架上或室外接受日照使茶青较快地蒸发一部分水分，并使叶内发生理化变化。摊叶厚度视不同地区有所差异。摊叶厚度一般掌握为 $0.5 \sim 1.0 \ kg/m^2$（$0.5 \sim 1.0 \ kg$ 每筛）。室外接受日照历时 $10 \sim 30 \ min$，室内时间会较长。

三、做青

做青是乌龙茶制作的第二道工序，也是关键工序。做青即将摇青和凉青很好地结合，先摇青后凉青，如此反复多次。

1. 做青的作用

做青是形成香气具有天然花果香、滋味醇厚回甘及叶底绿叶镶红边的过程。其中摇青是动的过程，即将萎凋后的茶叶置于摇青机中摇动，叶片互相碰撞，叶缘与摇青笼摩擦，细胞部分损伤，叶缘失水和酶促氧化作用加快。摇青后，青草气较浓，同时加速水分从梗、叶脉、叶肉向叶缘输送，叶片由萎软变挺硬（即"走水"）。摇青后将茶叶均匀摊放于竹筛中转置凉青架上静置，即凉青，这是静的过程。茶叶经静置一段时间，待"走水"渐慢，叶子变软，青草气散发，清香显露时，即可进入下一轮的摇青。

2. 做青的方法

通过摇青与凉青交替进行，使叶子形成"走水""退青"与"还阳"现象，水分均匀分布。水分从梗转移到叶脉，补充叶脉所散失的水分。做青过程要根据不同气候、不同茶青采取不同的做青措施，即"看天做青、看青做青"。以北风天做青最好。做青最适宜的温湿度为温度 22～25℃，相对湿度 70％～80％。做青次数不同地区不一样：闽南摇青 3～5 次，闽北摇青 6～7 次，广东浪青 5～7 次，台湾搅拌 3～5 次。每次摇青程度逐渐加重，凉青时间也逐渐延长。

3. 做青的程度

（1）做青过程叶态变化规律。

叶色：暗绿无光泽→绿色退淡→黄绿有光泽。

叶态：萎软→逐渐"复活"→复挺，叶缘背卷呈龟背状。

叶缘：绿→淡绿→黄→红→朱砂红。

梗脉：叶脉透光度增加→透明叶脉，折梗不易断。

叶质：脆→软，手摸如绵，手插进叶堆内有温手感。

（2）做青过程香气变化规律。

初期：摇后青气微露→青香。

中前期：摇后青气显露→清香。

中后期：摇后青气浓烈→花香。

后期：摇后青气消失→花果香浓郁。

传统铁观音要求"三红七绿"，岩茶要求"四红六绿"。就目前做青程度来讲，台湾文山包种茶发酵最轻，清香型铁观音较轻，广东凤凰单枞稍重，岩茶较重，东方美人最重，当做青叶发酵适度时即可进行杀青。

四、杀青

杀青也称炒青，是乌龙茶初制的第三道工序，起着承上启下的作用。

1. 杀青的作用

其主要目的是通过高温破坏和钝化鲜叶中的氧化酶活性，抑制鲜叶中的茶多酚等的酶促氧化；蒸发鲜叶部分水分，使茶叶变软，便于揉捻成形；促进低沸点青草气挥发和转化，形成馥郁的茶香；通过湿热作用破坏部分叶绿素，使叶片黄绿而亮。杀青对乌龙茶的色、香、味、形的形成都起一定的作用。

2. 杀青的方法

（1）乌龙茶杀青常用机械有滚筒杀青机和液化气炒青机。

1）滚筒杀青机。常用90型与110型两种机型，该机结构紧凑、操作方便、效率高。该机由滚筒、传动装置、风扇、机架、炉灶等部分组成。炉火直接加热转动的筒体，茶叶在筒体内靠摩擦和筒体转动的离心力在滚筒内抛转，并吸收热量达到杀青目的。炉灶由通风道、炉栅、炉膛、烟囱等组成。滚筒体置于炉膛内，炉膛顶部有拔风口与烟囱相通。6CWS-110型杀青机，杀青时锅温280～290℃，投叶量15～25 kg。杀青适度后，反转滚筒，利用筒壁的螺旋导叶板将茶叶推出筒外。

2）液化气炒青机。以液化气为热源，作业稳定，杀青均匀，清洁卫生，操作方便。机器的所有结构均装置于机架上，机架底部装有4个行走轮，便于移动。杀青时锅温290～300℃，单机投叶量10～15 kg，具有翻炒均匀、升温快、炒青质量好等优点，更适用于名优高档的乌龙茶制作，如安溪铁观音、台湾冻顶乌龙等。

（2）杀青具体操作要领。适当高温，先高后低；投叶适量，翻炒均匀，闷炒为主，扬闷结合；快速短时，程度稍轻；根据不同的做青叶掌握炒青。

1）"发酵"程度。发酵程度适当的鲜叶，一般含水量较少，叶尖略干枯，易于焦灼，炒青应稍低温，多闷炒，以保持适量水分。发酵不足的应适当高温，扬闷结合，以散失水分与青气，炒青程度要充足。

2）品种。香气高强，叶张薄黄的品种，如黄旦、本山，炒青温度宜稍低，炒青程度略轻，需及时揉捻和烘焙。青味浓强的肥厚品种，如大叶乌龙、皱面吉，宜适当高温扬炒，炒青程度充足。

3）季节。春茶宜适当高温和炒青充足。夏暑茶锅温可稍低，炒青程度充足，以防在高温气候下，继续发酵变色。秋茶可低温闷炒保水，炒青程度稍轻一些。

4）嫩度。成熟度高的青叶，纤维素多，含水量少，宜以低温闷炒为主，程度略轻。较细嫩的做青叶，含水量多，多酚类物质多，应适当高温扬炒，炒青程度充足，以散失较多水分，便于揉捻，同时可减少苦涩味。

目前，清香型铁观音为保持砂绿色泽、鲜醇滋味，杀青时把好四关：滚筒温度、投叶量、滚筒的转速和炒青时间。重点要掌握"高温、少量、重炒"的技术要领。

3. 杀青的程度

炒青的叶子转暗黄绿色，失去光泽，叶面梗皮有干硬感，叶边叶尖有脆硬感，青味消除，带熟香味和轻微甜酸感。生产上杀青适度时可听见茶叶与锅壁摩擦发出"沙沙"声。

五、揉捻

揉捻是乌龙茶初制的塑形工序，通过揉捻形成其紧结弯曲的外形，并对内质改善也有所影响。揉捻与烘焙要结合进行效果更好，即揉捻——初烘——初包揉——复烘——复包揉。各个工序互相联系、互相制约。

1. 揉捻的作用

揉捻可以使茶条卷紧，缩小体积，为炒干成条打好基础，适当破坏叶组织，促进物质转变，增加茶汤浓厚度。

2. 揉捻的方法

揉捻方法有热揉和冷揉。热揉指杀青叶不经过摊凉趁热揉捻。冷揉指杀青叶出锅后，经过一段时间的摊凉使叶温下降到一定程度时的揉捻。

揉捻过程压力应掌握"轻、重、轻"。因为在最初的时候，茶叶还比较脆，茶汁还未曾破，未曾被揉捻出来，所以轻压；待中间时，茶汁出来，茶叶比较湿润，所以可以重压；最后茶叶基本成形，防止揉碎条形，要尽量轻揉。

乌龙茶鲜叶厚、成熟度高、含水量较少、所含纤维素和矿物质元素较多，较难卷曲成条，应及时"热揉"，促使茶叶条形紧结、均匀。安溪铁观音初制常采用冷揉使茶叶色泽鲜活。

3. 揉捻程度

乌龙茶揉捻破碎率略高于绿茶而低于红茶，一般是 60％～70％。揉捻后，广东青茶和闽北青茶呈扭曲条索状，闽南青茶呈卷曲颗粒状，台湾乌龙呈条形、半球状和球状。

六、干燥

干燥是乌龙茶加工的最后一个步骤；是利用高温来抑制茶叶继续发酵，以固定茶叶的质量。乌龙茶初制工序中的干燥是固定茶叶色、香、味的最后一道工序，包括毛火和足火，对成茶品质形成有很大影响。乌龙茶精制中的干燥可以改变成茶品质。

1. 干燥的作用

干燥可抑制酶性氧化，蒸发水分和软化叶子，并起热化作用，消除苦涩味，促进滋味醇厚。同时干燥可减少水分，去除青草气，改善茶叶的香气、减轻苦涩味，使滋味甘润可口，并使茶汤色泽橙黄明亮。干燥还可使叶子体积减小，重量减轻，便于包装储存及运销。

2. 干燥的方式

乌龙茶的干燥方式有热风干燥、电热干燥、辐射干燥、真空冷冻干燥等。

（1）热风干燥。热风干燥又有炭焙、煤焙、液化气烘焙。炭焙，即在乌龙茶初制的干燥工序中将茶叶摊放在焙笼上置于炭火上烘至足干，固定茶叶品质。煤焙，20世纪60年代中期，出现了用煤球代替木炭对茶叶进行烘干，方法与炭焙基本相同。整个过程工效提高很多，但粉尘多、噪声大。液化气烘焙使用的机械是手拉式百叶板烘干机，加热原理同燃煤式热风烘干机。

（2）电热干燥。电热干燥在原来的烘干机基础上用电热发生器代替燃料，增加了控温计时装置，如电热烘焙箱、茶叶提香机。

（3）辐射干燥。辐射干燥是以电磁波形式传给茶叶使其干燥，包括红外线干燥、微波干燥。

（4）真空冷冻干燥。真空冷冻干燥简称冻干，是一门高新技术，在真空状态下利用冰晶升华的原理，在高真空的环境下，使预先冻结的物料中的水分不经过冰的融化直接从冰态升华为水蒸气，从而使茶叶干燥。目前在铁观音的干燥中比较常见。

3. 干燥的程度

乌龙茶干燥一般经毛火和足火烘至含水量小于7％即可。实践中可随意挑选一茶条，放在拇指与食指之间用力搓，如即刻成粉末则干燥度足够，若为小颗粒则干燥度不足。也可以采用茶梗来判断，梗折即刻崩断则干燥度充足，否则干燥度不足。茶叶干燥度不足比较难储存，同时香气也较低。当茶叶的含水量高于8％时易发霉，含水量达到12％时霉菌繁殖旺盛，可长出白毛并发出霉味。饮用发霉的茶叶对人体健康危害很大。

在干燥阶段，清香型安溪铁观音火候较轻，经毛火和足火烘至足干即可。茶商收购后负责拣梗、去杂后再走水焙就包装成袋泡茶出售。闽北青茶火候较重，一般需要经过好几道火方能完成，每年新茶叶上市时间在初制后几个月。

第二单元　闽南乌龙茶

模块一　闽南乌龙茶概况

一、生产概况

闽南乌龙茶产于安溪、华安、三明、永春、漳平、德化、平和、云霄等县。主要生产铁观音、色种、金观音、黄观音、水仙、佛手和乌龙。品质以铁观音最优，乌龙最差。闽南青茶也是以茶树品种命名，铁观音、水仙和乌龙都是以茶树品种名称命名的，佛手品种采制的叫香橼，色种是许多品种（本山、毛蟹、黄棪、梅占、奇兰、桃仁等）混合采制或分别采制的总称。

闽南众多茶区中又以安溪最为著名。安溪县地处福建省东南部，是中国古老的茶区，是世界名茶铁观音的发源地，中国最大的乌龙茶主产区，境内生长着不少古老野生茶树，在蓝田、剑斗等地发现的野生茶树树高 7 m，树冠达 3.2 m，据专家考证，已有 1 000 多年的树龄。安溪产茶始于唐朝，兴于明清，盛于当代，据史料考证，铁观音就是在清朝年间（1725—1736 年）于安溪县西坪镇被发现并命名的。

1995 年 3 月，安溪县被农业部命名为"中国乌龙茶（名茶）之乡"。2001 年，被农业部确定为"第一批全国无公害农产品（茶叶）生产基地县"，并被农业部、外贸部联合认定为"全国园艺产品（茶叶）出口示范区"。2002 年，又被农业部确认为"南亚热带作物（乌龙茶）名优基地"。2004 年，安溪铁观音被国家列入"原产地域保护产品"。2006 年 5 月，国家工商总局商标局正式认定"安溪铁观音"为中国驰名商标，称为中国茶行业第一枚驰名商标。

二、主要品种及品质特征

1. 铁观音（见图 2—1、图 2—2）

铁观音原产于福建省安溪县西坪镇，又名红心观音、红样观音、魏荫种，属于灌木型，中叶类，晚生种。植株中等，树姿开张，分枝稀，叶片呈水平状着生。叶椭圆形，叶色深绿，富光泽，叶面隆起，叶缘波状，叶身平或稍背卷，叶尖渐尖，叶齿钝、浅、稀，叶质肥厚，蒂肩宽。芽叶绿带紫红色，茸毛较少，故有"红心歪尾桃"之称。

图 2—1　铁观音茶树

图 2—2　铁观音干茶

主要品质特性：

外形：条索肥壮紧结重实，枝梗硬，枝头光亮、整齐，梗皮红亮。色泽砂绿润或乌油润，似香蕉色。

内质：香气馥郁幽长，汤色金黄或橙黄明亮，现为浅金黄；

滋味醇厚回甘，音韵持久明显，发酵适当，似人参味或生花生仁味，俗称"观音韵"，为乌龙茶极品；发酵适度者，带有栀子花香或兰花香。叶底肥厚软亮匀齐，红边明显，主脉上红点明显。

链接

铁观音的传说

"魏说"——观音托梦。相传，1720年前后，安溪尧阳松岩村（又名松林头村）有个老茶农魏荫（1703—1775），自幼务农兼种茶，又笃信佛教，敬奉观音。每天早晚一定在观音像前敬奉一杯清茶，几十年如一日，从未间断。因观音托梦于观音仑打石坑的石隙间，发现铁观音茶树。叶椭圆，叶肉肥厚，嫩芽紫红，青翠欲滴。魏荫十分高兴，将这株茶树挖回种在家中一口铁鼎里，悉心培育。后来经制作，香气、滋味均十分优异，给邻里品尝皆称好。因这茶是观音托梦得到的，故取名"铁观音"。

"王说"——乾隆赐名。相传，安溪西坪南岩仕人王士让（清朝雍正十年副贡、乾隆六年曾出任湖广黄州府蕲州通判），曾经在南山之麓修筑书房，取名"南轩"。清朝乾隆元年（1736年）的春天，王与诸友会文于"南轩"。每当夕阳西坠时，就徘徊在南轩之旁。有一天，他偶然发现层石荒园间有株茶树与众不同，就移植在南轩的茶圃，朝夕管理，悉心培育，年年繁殖，茶树枝叶茂盛，圆叶红心，采制成品，乌润肥壮，泡饮之后，香馥味醇，沁人肺腑。乾隆六年，王士让奉召入京，把这种茶叶送给礼部侍郎方苞。方侍郎品其味非凡，便转送内廷，皇上饮后大加赞誉，遂问尧阳茶史。因该茶乌润结实，沉重似铁，味香形美，犹如"观音"，赐名"铁观音"。

2. 本山（见图 2—3、图 2—4）

本山原产于福建省安溪县西坪镇尧阳南岩。与铁观音近亲，但生长势与适应性均比铁观音强，属于灌木型，中叶类，中生种。

主要品质特性：

外形：条索结实，颗粒比铁观音略小，壮年茶树不亚于铁观音，枝梗弯曲似"竹子节"，梗皮易分离，呈藕断丝连状，梗皮略赤红。色泽砂绿较细或乌油润，鲜叶较嫩时呈乌绿润。

内质：香气浓郁，似花香，品质好者略有音韵，汤色清黄或橙黄；滋味清醇尚厚能回甘；叶底肥厚软亮匀整，叶张略厚，叶脉浮白，叶张肩缘向后翻卷。

图 2—3 本山茶树

图 2—4 本山干茶

3. 毛蟹（见图 2—5）

　　毛蟹原产于安溪大坪乡福美村，属于灌木型，中叶类，中生种。叶椭圆形，色黄绿或绿，叶面平展或略隆起，质厚硬脆，茸毛多而密。叶缘稍具波浪状，叶齿深、明、锐，叶齿向下钩，似"鹦鹉嘴"。

　　主要品质特性：

　　外形：条索结实，枝头圆形、头大尾尖、节距稍短。色泽乌芙绿、略油润、砂绿欠明显。叶多白毫，故称"白心尾"。

　　内质：香气清高，似月季花香，汤色清黄或清红，滋味清醇略厚。叶底软亮，叶张小圆形，叶尾尖。叶齿深、明、锐。叶张尚厚，叶脉明显。

图 2—5　毛蟹茶树

4. 黄棪（见图 2—6、图 2—7）

黄棪原产于福建省安溪县虎邱镇罗岩美庄，又名黄金桂、黄旦。小乔木型，中叶类，早生种，叶椭圆或倒披针形，叶色黄绿，叶面微隆起，叶缘平或微波，叶身稍内折，叶尖渐尖，叶齿较疏、浅、钝，叶质较薄软。芽叶黄绿色，茸毛较少。

图 2—6　黄金桂茶树

图 2—7　黄金桂干茶

主要品质特性：

外形：条索卷曲或紧细，细长似"尖梭"，紧结而欠重实，枝细小。色泽黄绿或赤黄绿，带光泽。

内质："香、奇、鲜"，香气芬馥、优雅清奇，似蜜桃香、桂花香或梨香，有"透天香"之美誉。汤色清黄或浅金黄，滋味清醇、鲜爽幽长。叶底"黄、细、薄"。叶色黄绿，叶张尖薄、主脉明显、叶齿稍锐。

5. 永春佛手（见图2—8）

　　永春佛手茶又名香橼种，原产于安溪虎邱镇骑虎岩，是福建乌龙茶中风味独特的名品。现主产于福建永春县苏坑、玉斗和桂洋等乡镇海拔 600～900 m 高山处。

图2—8　佛手茶树

　　佛手茶树品种有红芽佛手与绿芽佛手两种（以春芽颜色区分），以红芽为佳。鲜叶大的如掌，椭圆形，叶肉肥厚，中芽种，一般4月中旬开采。四季采摘，春茶产量约占全年的40%。

主要品质特征：

外形：茶条紧结肥壮、卷曲似海蛎干，色泽砂绿乌润。

内质：佛手茶香气浓锐似香橼果香味，滋味甘厚耐冲泡，汤色橙黄清澈，叶底肥厚柔软。

> **小知识**
>
> 　　佛手本是柑橘属中一种清香诱人的名贵佳果。佛手茶相传为闽南安溪县虎邱镇骑虎岩寺一住持采集茶穗嫁接在佛手柑上经精心培植而成。其法传授给永春县狮峰岩寺的师弟，附近的茶农竞相引种至今。现主产于福建永春县苏坑、玉斗和桂洋等乡镇。

6. 漳平水仙（见图2—9、图2—10）

漳平水仙原产于福建省漳平县，主产区：漳平县、双洋、南洋、新桥乡镇。漳平水仙茶饼又名"包纸茶"，是用水仙茶树鲜叶按乌龙茶制法制出毛茶，制茶时在揉捻工艺之后增加了"捏团"工艺，将揉捻叶捏成小圆团，用纸包固定，焙干成形。

主要品质特性：

外形：扁平呈方形或圆形、心形，色泽乌褐油润。

内质：香气清高，花香明显。汤色清深褐色，似茶油；滋味醇厚，耐泡；叶底黄亮，红边明显。

图2—9　水仙茶树

图 2—10　漳平水仙茶饼

7. 诏安八仙（见图 2—11）

诏安八仙产于福建省漳州市第二产茶大县诏安县，主产茶区为秀篆镇。秀篆镇与全国十大名茶"凤凰水仙"原产地"凤凰山"毗邻。诏安八仙属小乔木大叶类，植株高大，根系发达，春季萌芽早，冬季封园迟，育芽能力强，芽梢抽长快，节间长，茸毛短而少，芽头较瘦小，梗细小，喜荫湿，抗寒性较弱。适制绿茶和乌龙茶，香气高，品质优。

主要品质特性：

外形：外形深绿油嫩。

内质：香气高锐，汤色橙黄明亮，茶味浓厚耐冲泡，回味甘爽持久。

图 2—11　八仙茶树

8. 平和白芽奇兰（见图2—12）

白芽奇兰属于乌龙茶类，产于福建省平和县崎岭乡。植株中等，树姿半开张，分枝尚密，叶片呈水平状着生。叶长椭圆形，芽叶黄白绿色、富光泽，茸毛尚多，叶面微隆起，叶缘微波，叶身平，叶尖渐尖，叶齿较锐、深、密，叶质较厚脆。

芽叶生育力强，发芽较密，产量中等，持嫩性强，一芽三叶，盛期在4月下旬。

主要品质特性：

外形：紧结匀整，色泽翠绿油润，干嗅能闻到幽香。

内质：香气清高持久，兰花香味浓郁，滋味醇厚，鲜爽回甘，汤色杏黄、清澈明亮，叶底肥软。

图2—12 奇兰茶树

模块二　闽南乌龙茶初制加工机械

一、采摘机械

闽南乌龙茶采摘多用茶篓（见图2—13）。茶篓是采摘茶青的最佳装载工具，可以大大减少鲜叶的碰压损伤。茶篓通风透气，便于鲜叶保鲜、减少鲜叶劣变的可能。铁观音采摘常用小镰刀（见图2—14）、剪刀（见图2—15）；色种等则用采茶机（见图2—16）采摘。

图 2—13　茶篓

图 2—14　小镰刀

图 2—15　剪刀

图 2—16　单人采茶机

二、凉青架、竹筛

凉青架、竹筛（见图2—17）是茶叶萎凋、凉青摊青必备的工具。鲜叶放在凉青筛（也称竹筛）中，进行水分渗透以及一系列化学变化，慢慢发酵变红，香气形成并显露，细胞间的水分散发，鲜叶呈柔软状态，叶色转黄绿色。

图2—17　凉青架、竹筛

三、摇青机械（图2—18、图2—19）

摇青的目的在于使茶青作旋转、摩擦运动，通过这一过程，促使茶青内物质发生一系列的氧化和多项酶转化，实现乌龙茶的优良品质特征。摇青适度以闻香气为主，还要兼看茶青发酵红边程度，一般分为"摇匀""摇活""摇红"，第四次摇青以红边明显突出、香气转清纯为适度，俗称"绿叶红镶边"。如果四次摇青后，发酵仍不足，可进行多次补摇，以达到适度为准。

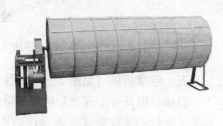

图2—18　摇青筛（手工）　　　图2—19　摇青机（电动）

四、杀青机械（见图2—20、图2—21、图2—22）

杀青是茶青接触高温的炒锅以提高茶叶温度的工序，俗称"炒青"。其过程是利用高温制止茶叶中酶的活性，抑制多酚类化合物质酶性氧化，使鲜叶内部水分部分蒸发，在散发青草气形成香气的同时，使叶质变软，为塑造茶叶形状工序创造条件。

图2—20　杀青灶　　　　　　　图2—21　滚筒杀青机

图2—22　液化气杀青机

五、包揉机械（见图2—23～图2—27）

包揉是继杀青工序之后的将茶叶搓揉定型的工序。其目的一是将杀青后的茶青搓揉成条索；二是揉捻挤出茶汁，凝于叶表，有利于内含物的混合接触和一定程度的转化。

图 2—23 揉捻机（手动）

图 2—24 揉捻机（电动）

图 2—25 速包机

图 2—26 平板包揉机

图 2—27 打散机（松包解块）

六、干燥机械（见图2—28～图2—30）

烘焙机械是铁观音包揉和干燥过程中使用的加工工具。干燥与包揉做型工序，不仅可以排除茶叶水分，更重要的是可以巩固和发展前几道工序中形成的品质，完成最后阶段的转换。在烘焙过程中，温度需适中，不宜火势过高。

图2—28 烘焙箩、
烘焙灶

图2—29 手拉式烘干机（液化气）

图2—30 茶叶烘焙机

模块三　闽南乌龙茶加工工艺

影响乌龙茶品质主要有三个因素：鲜叶原料、加工工艺和加工环境。安溪乌龙茶的品质受地域、气候等环境条件影响，曾有"靠天吃饭"之说，其品质形成的关键工序是做青。做青环境因素是影响乌龙茶品质的重要因素之一。据本县茶农长期生产实践和各地科学实验总结，乌龙茶传统做青环境要求做青温度在22℃左右，相对湿度在80%左右，"北风天"且风力在2～3级之间，掌握一定的做青技术，结合适宜的鲜叶原料，一般可以达到比较好的乌龙茶品质要求。温湿度偏高偏低都不利于优良品质的形成。

铁观音生长环境得天独厚，采制技术十分精湛，有绿叶红镶边、七泡有余香之美称；品质优异，是闽南乌龙茶之首。现以铁观音的初制为例介绍其加工工艺。

一、鲜叶采摘

闽南青茶采摘的鲜叶成熟度较高，一般是驻芽形成后的中开面一芽二三叶或同等成熟度的对夹叶新梢。其采摘时间和采摘方法均有标准。

1. 采摘时间

铁观音一般在晴朗的上午9：00～16：00采摘。上午9：00～11：00采摘的鲜叶称为早青，11：00～16：00采摘的鲜叶称为午青，16：00以后采摘的鲜叶称为晚青。早青含水分较多，不利做青；晚青无法进行日光萎凋，同样不利做青。午青经过阳光照射，内含物质积累较多，水分含量减少，同时散失部分青草气、闷浊气，有利于香气清纯，品质最佳。

2. 采摘方法（见图2—31）

铁观音多采用小镰刀割或用剪刀剪取。采摘手法要求规范，不带老叶、鱼叶，避免单片，尽量避免鲜叶受到物理损伤。中、低档茶可以使用机械采摘或镰刀割采，高档茶叶一般使用手工或剪刀采摘。

为了保证鲜叶匀整度，不同品种、不同地域、不同批次的鲜叶采摘要分开。为了保证鲜叶的新鲜度，采摘时要避免物理损伤；采摘的鲜叶蓬松放置，避免挤压；无法及时运送回加工场的鲜叶，应妥善置于阴凉之处；运输鲜叶途中，应该采取一定措施，保持鲜叶的鲜灵性。

图2—31　采摘

二、萎凋

萎凋的目的在于初步散失闷浊气、青草气；初步散失水分，造成叶面与梗部之间的水位差，使叶质变柔软，为下一步做青做准备。

鲜叶运送到加工场，先在阴凉处（20～25℃）摊凉，散失运输中积聚的热量，同时让叶片水分重新分布，恢复鲜叶生机，时间为30～60 min。待阳光较弱时进行晒青。

1. 萎凋方式

铁观音萎凋的方式常见的有三种，分别是日光萎凋、自然风萎凋和空调萎凋。

（1）日光萎凋。将0.5 kg鲜叶置放于竹筛中（闽南话为笳篱）均匀摊开（见图2—32），置于太阳底下进行萎凋，或者在地上铺上晒青布，把鲜叶均匀撒在布上，避免重叠。温度超过35℃时不宜直晒，应进行遮光萎凋。

（2）自然风萎凋。其方法与日光萎凋一致，时间上适当延长。

（3）空调萎凋。阴雨天的茶青或者晚青，无法晒青时采用。

需要借助电风扇吹风、空调吹热风换气或热风机使茶青萎凋。将茶青薄摊在竹筛上面，放置在竹筛架上，推进凉青房里，关闭门窗。空调设置为加温除湿，温度30℃，湿度70%，每隔20 min轻翻一次，萎凋至鲜叶萎软为止。

图2—32 晒青

2. 萎凋程度

不同品种、不同季节、不同时间采摘的鲜叶，晒青要求不同。晒青时间一般控制在10～30 min，失水率4%～12%以内。晒青适度，茶青叶态萎软，伏贴，鲜叶失水变色，由浓绿转为淡绿，叶背色泽特征明显突出，称为"鱼肚白"，鲜叶散发淡淡清香。从单个叶梢看，手持叶梢第一、二叶下垂，呈微软略有弹性，叶色较暗，失去光泽。

> **小知识**
>
> 铁观音等鲜叶肥厚的品种晒青要略重，梅占重晒，本山适中，黄金桂等鲜叶较细薄的品种要略轻；早青略重、晚青略轻；春茶要重晒，夏暑可不晒，秋茶要轻晒。

三、做青

做青由摇青和凉青两个环节交替进行，是形成青茶品质的关键工序。铁观音做青过程中，摇青与凉青一般要反复进行 3～5 次，叶片交替进行"退青"与"还阳"。做青过程中摇青次数、转数、摇青程度及凉青时间等都对品质产生影响，且随品种、天气、晒青程度不同而异，在实际操作中不可千篇一律、一成不变。

广大茶农在不断实践的过程中总结出，做青应掌握"春消透、夏皮皱、秋保水"的原则，灵活地掌握看季节做青，看天气做青，看品种做青，看鲜叶含水量做青，看采摘嫩度做青，看茶园朝向地势做青等。摇青第一次称为"开青"，开青很重要，应根据晒青程度、叶质的老嫩和厚度等确定摇青转数。

当萎凋叶的梗部无法通过自身的输导力向叶面输送水分时，就须借助摇青来完成"走水"。所谓"走水"，就是茶叶中的水分通过梗部、叶蒂、主脉、侧脉向叶面扩散渗透。摇青是"动"的过程。鲜叶在摇青筒中进行碰撞、散落、摩擦运动，大部分叶缘细胞破碎或损伤；水分发生扩散与渗透，细胞间隙充水，叶态挺硬，青草气挥发，鲜叶恢复光泽。凉青是"静"的过程。鲜叶放回竹筛中，进行水分渗透以及一系列化学变化，逐步"发酵"变红，香气形成并显露，细胞间水分散发，鲜叶呈柔软状态，叶色转黄绿色。

1. 做青方式（见图 2—33）

（1）手工摇青。将晒青叶静置 40～60 min 后倒入直径约 110 cm、高 20 cm 的茶筛进行摇青。每筛投叶量 5 kg 左右，用双手握茶筛边缘上推下拉，有节奏地进行旋转摇摆，使茶青呈"∞"形跳动。为促进茶叶内含物质发生酶促氧化，摇青后可加以做手，即用双手将叶子挤拢和放松，使叶缘互挤而擦破细胞。每次做青后，需放在凉青架上进行摊凉。这样反复进行 3～4 次，每次摇青转数、间隔时间逐次增加，具体视不同品种、天气、晒青程度不同而异。

（2）机械摇青。目前闽南使用的摇青机有 6CWY‑85 型普通摇青机和 6CWY‑90 型无级变速摇青机。每笼投叶量 50～100 kg，至摇青机筒内中轴为宜，过多摩擦不均，过少鲜叶损伤厉害。

a)

b)

c)

图 2—33　做青

a）倒青　b）投叶量　c）凉青

2. 做青方法

做青是鲜叶进行酶性氧化的过程，是铁观音形成独特自然花香的工艺所在。做青方法应掌握"循序渐进"，做到"摇匀，摇活，摇红，摇香"。其中摇匀是做青的初期，要求力轻，时少，摊青薄，凉青短。"摇活"是做青前期，摇青适当比初期重，摊叶适当加厚，凉青延长。"摇红"是做青的中期，需适当重摇，红边明显，摊叶稍厚，凉青稍长。"摇香"是做青后期，可灵活掌握。具体方法总结为如下四点：

（1）摇青转数由少到多。

（2）凉青时间由短到长。

（3）摊叶厚度由薄到厚。

（4）红边程度由轻到重。

铁观音做青参考数据见表2—1。

表2—1　　　　　　　　　铁观音做青参考数据

次数	第一次	第二次	第三次	第四次	辅助措施
作用	摇匀（促进变化）	摇活（叶缘微红点）	摇红（红边明）	摇香（发酵充分，品质形成）	杀青前1~2 h，若发现发酵不足时，可采用堆大堆、拼大筒等方法，以提高叶温，增加细胞破损率，促进水分散发，加速化学变化
摇青转数	60~90	120~200	180~400	300~600	
摇青时间（min）	2~3	4~6	6~15	10~30	
摇青适度青叶状况	青草气微露	青草气较显露，叶略硬挺	青草气强烈，鲜叶硬挺	青草气强，稍夹淡香味，鲜叶硬中带柔	
凉青时间（h）	1~1.5	1.5~2	2~3	4~6	
摊凉适度鲜叶状况	青味退，叶片稍平伏	青味退，叶片稍平伏，叶色略浅绿，叶尖稍红，锯齿略红	青气稍退，味清纯，叶边部分红变，叶色转略黄绿，叶柔软，如汤匙状	青味退尽，花果香味显露，叶色黄绿，叶缘红变，叶柔软有弹性感、润滑，梗带饱水，色青绿带褐，品种特征明显，气味浓	

现在多数茶农借助空调控制做青温度和湿度，更好地控制做青环境。把空调温度设定在 18～20℃之间、做青间温度稳定在 20～22℃、湿度 70％～75％之间最佳。

（春季）铁观音空调做青参考数据见表 2—2。

表 2—2　　　　（春季）铁观音空调做青参考数据

摇青次数	第一次	第二次	第三次	第四次
摇青时间（min）	2～3	4～8	10～30	可摇可不摇，一般在凌晨时候根据青叶情况灵活掌握
摇青转数	60～90	100～180	300～900	
凉青时间（h）	1.5～2	2～3.5	4～5	
要点	摇匀	摇活	摇红	

3. 做青程度（见图 2—34）

做青适度时，茶青减重率为 10％～18％。青叶青味退尽，花果香味显露，叶色黄绿似香蕉色，叶缘红变，呈"青蒂绿腹红边"，叶质柔软有弹性感、润滑，叶态出现垂卷呈汤匙状。最后一次凉青适度时应及时杀青，防止过多地散失水分，避免"拔水""拖青"，防止制作出"酸馊味"的产品。

图 2—34　做青适度叶

四、杀青

铁观音的"色、香、味"在做青阶段已基本形成。杀青是利用高温迅速破坏酶的活性，使发酵停止，固定做青阶段形成的品质特征。同时，继续散失青草气、异杂味，消除苦涩味，促进香气形成，继续散失水分，为塑造外形做好准备。

1. 杀青方法

(1) 手工杀青。手工杀青是传统工艺，操作较难，目前使用较少，仅限少数高级茶加工。采用口径为 50 cm 的平锅或斜锅，当锅温达 260～280℃，投叶 1 kg，以闷炒为主，抖闷结合。做青叶下锅后，立即用手或结合木制抄手进行快速翻炒，注意青叶均匀翻动，至水蒸气较多并有明显烫手感时开始略抖动一两下，当水蒸气开始大量散失时，应关掉一个加温按钮以控制温度。当青叶充分杀熟杀透后应迅速出锅，以免焦掉。

(2) 滚筒杀青机。传统使用的杀青机为 6CWS-110 型滚筒炒青机，以煤或木柴为燃料。炒青前，提前 8～15 min 开启加热，滚筒应转动，以防止局部受热而变形。当温度达到 280～300℃时开始投叶。投叶量 10～15 kg，太多则翻炒不匀，太少则易产生焦叶。滚筒转速为 22～26 r/min，太快则青叶与锅壁接触时间太短，不易杀透，太慢则易产生焦叶。杀青时间视青叶情况历时 3～5 min。春茶含水率高，杀青时间宜长些，秋茶含水率低，杀青宜短些；嫩叶宜长些，老叶宜短些。

(3) 液化气炒青机 (见图 2—35)。目前闽南地区基本使用 6CST-90 型燃气式炒青机。该机可通过控制系统调节滚筒转速及筒内温度，翻炒均匀，升温快，炒青质量好。

炒青前，对各传动部件进行检查，并往各润滑点添加润滑油。按下起动开关，让主轴试运转，打开液化气闸门，点燃液化气，燃火要旺、稳。作业时，待筒内温度达到 280℃左右，将 3～5 kg 茶叶投入滚筒内，至茶叶杀青适度时，倾倒滚筒，边转动边出叶。完成时先关闭气阀熄火，待滚筒降至 50℃后停机。

图 2—35　杀青

2. 杀青技术

（1）适当高温，先高后低，快速短时。

（2）投叶量适中，翻炒均匀。

（3）闷炒为主，抛闷结合。

（4）灵活掌握，杀熟杀透。

3. 杀青适度的特征

杀青程度应根据季节、气候、品种、杀青叶含水量、发酵程度、嫩度等进行综合分析。主要特征为：叶色转黄绿色，失去光泽；叶状柔软，嫩梗折而不断，手握成团，稍有粘手感；青味消除，带有轻微酸香或清淡乳香。

杀青结束后，为使成品茶汤色清澈明亮，可进行甩红边处理。具体做法是，趁热把杀青叶用茶巾包起，置于甩红边机器中，时间为 2～3 s。甩掉红边的杀青叶经过筛分、摊凉，以便进行下一工序。此做法可将发酵红边的边缘破碎去除，但破坏叶片的完整度，对茶汤的浓度也有一定影响，在传统加工制作中并不提倡。

五、包揉

包揉是铁观音形成卷曲、紧结、重实的颗粒型的重要工艺，并对内质改善有一定作用。包揉主要是通过手工或者机械的物理运动把杀青叶塑造成所需的外形，同时挤出茶汁，附着于茶叶表面，以利于增加茶汤醇厚度。

炒青后，摊凉——初揉（速包、解团反复多次）——初烘——复揉（速包、解团反复多次）——复烘——再揉——干燥。温度逐次降低，初烘温度 70~75℃，复烘 60~65℃。

1. 包揉方法

（1）手工包揉。传统揉捻方式主要采用纯手工包揉。纯手工包揉，条索紧结，生产效率低。除了少量特色茶叶炒制以外，现在基本上不采取这种方式生产。

（2）机械包揉法（见图 2—36）。20 世纪 80—90 年代常用揉

a)

b)

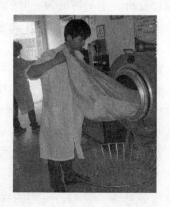

c)

图 2—36　包揉

a）速包球茶　b）平板包揉　c）松包解块

捻机械有 6CWR－40、45、50 型揉捻机。20 世纪 90 年代后，闽南地区基本以速包机（6CWSB－75、80）和平板包揉机进行替代，效果更佳。

（3）压揉机塑形。压揉机塑形，生产效率高，解放了劳动力，但是因为机械设计尚未成熟，成品茶冲泡时，迅速舒展，茶汤混浊，滋味略显苦涩，影响到成品茶内质。压揉机塑形在设计使用上有着很大的改善空间，在这里不做详细介绍。

2. 包揉程度

炒青适度叶，先经 2～3 min 的短揉捻，再经摊凉和筛末，然后以速包机、球茶机、松包机，进行速包——球茶——解块——筛末，反复冷包揉造型 5～6 次。经冷包揉后的茶叶，在 70℃ 左右进行初烘，至略有刺手感下机。初焙后的茶叶，需经速包——球茶——解团——筛末，反复包揉造型 5～6 次，然后再烘焙加热，如此重复操作 2～3 遍，直至达外形要求。包揉造型应注意经常解团散热，避免热闷影响茶叶的色泽和香味。同时，复烘焙加热温度也要逐次降低。

六、干燥

低温干燥保色香，包揉造型适度的铁观音茶叶要采用 60～70℃ 的低温烘焙至足干，以利于保持空调茶翠绿的色泽和高锐的清香。

1. 干燥方法

铁观音常用的干燥机械是烘焙提香机（见图 2—37），现也有少部分使用冻干机。铁观音干燥分两次进行，即毛火和足火，温度先高后低。

毛火：烘温 70℃ 左右，将已定型的茶球解散，摊叶厚 1～1.5 cm，烘至 9 成干下机摊凉 0.5～1 h。

足火：摊凉后并筛，摊叶厚 2～3 cm，烘温 60～70℃，烘至足干下机。

2. 干燥程度

足干毛茶表现为手摸有刺手感，茶叶梗折即断，茶叶手搓即成粉末下机，含水率为 4%～6%。干燥后的茶叶应及时真空密封包装与低温储藏，以避免色香味变化，降低品质。

图 2—37 干燥

模块四 空调制茶工艺

做青与做青时室内的温度、湿度等气候条件密切相关，特别是夏暑季的高温气候成为制约乌龙茶品质的"瓶颈"。因此，利用空调机调控做青间温湿度的制茶技术已在茶区广泛推广应用，其技术要点为轻晒青、轻摇青、长摊凉；揉烘过程采用冷包揉、低温烘焙的方法。

一、工艺流程

工艺流程：鲜叶——凉青——轻晒青——空调做青（轻摇青、长摊凉）——重炒青——冷包揉——低温初烘——复揉——干燥——足干毛茶。

1. 萎凋

萎凋（轻晒青），晒青多在下午 4 点至 5 点进行，中午前后阳光不太强烈时也可晒青。但最好在有遮阳网条件下晒青，以确保萎凋叶的质量。晒青程度依茶树品种、鲜叶的厚薄不同而有所不同，要求比传统的工艺稍轻，通常掌握减重率在 5% 左右，晒青适度叶含水率为 73％左右，不可晒青过度。茶青经过适当的萎凋，鲜叶适度萎软后及时进入凉青间摊青。

2. 做青间温湿度

凉青前开启空调，对室温预先冷却至 19～21℃，相对湿度为 60％～70％，以利青叶进入青房后能迅速进行热交换，带走青叶内部呼吸及其环境热，降低叶温，减缓青叶的物理化学变化速率。

3. 摊叶量

将萎凋叶薄摊于凉青筛中，以互不重叠为宜，使做青叶与空气充分接触进行湿热交换，利于正常走水。摇青时摊叶量一、二摇以每筛 1～1.5 kg、三摇以 0.8 kg 左右为宜，一般面积 15 m²、高 3 m 的做青房，配备空调为 2 P，摊叶量约 80 kg。

4. 摇青机投叶量及转速

摇青机的投叶量应至摇青机容积的 1/2～3/5，茶青装入后要抖动抖散、均匀。目前常用的摇青机为 6CWY-90 型普通摇青机，转速约 18～27 r/min。在做青上采用轻摇和长时间薄摊凉的动静结合做法，促进"走水"，去除苦涩味。

5. 做青工艺

薄摊长凉多失水，是空调做青的最突出特点。在空调环境下做青，做青间温度低，青叶的呼吸作用有所减弱，内含物转化速度变慢，水分汽化速度相对降低。

(1) 薄摊凉青，一般要求青叶不相互重叠（≤0.8 kg/m²），这样既有利于青叶的水分蒸发和低沸点青草气的挥发，又可避免呼吸作用引起的叶温升高，从而使叶内含物始终在较低的温度下转化，形成特有的香味特征。

(2) 长时凉青，是空调做青特定条件下的重要措施，通过长凉可以保证青叶充分"走水消青"，至做青结束，做青叶减重率达 30％以上，做青适度叶含水率为 60％左右。总之，在低温低湿及叶组织低损伤条件下，叶内酶的活性降低，许多内含物的转化变慢，通过延长凉青时间，可以保证乌龙茶呈味、呈香物质转化积累，形成乌龙茶的优良品质。

整个做青过程采用轻"发酵"的做法，即低温做青。晒青稍轻，失水率约 5%，比传统工艺少 2%～3%。空调做青是空调制作优质乌龙茶品质形成关键阶段。应掌握"轻摇青、薄摊青、长凉青、轻发酵"的原则。

具体应注意以下操作技术要点：第一次与第二次摇青转速、时间宜少，第三次可适当重摇，促进茶青"走水"作用。摇后薄摊，温度控制在 19～21℃，相对湿度为 60%～70%，并注意适当通风，保持做青间空气清新，做青时间长达 18 h 以上。空调做青不能急于求成，因在低温条件下发酵要循序渐进，延长摇青的间隔时间，在达到做青适度时（叶色稍泛黄、叶质柔软、香气显现）杀青。

（3）空调做青工艺环境参数。在以"轻摇青、长凉青、轻发酵"为原则的基础上摇青次数多为三摇。建议摇青转速为 27 r/min，摇青历时：一摇为 2～3 min，二摇为 3～5 min，三摇为6～10 min。摇青转速为 18 r/min，摇青历时：一摇为 3～5 min，二摇为 7～10 min，三摇为 18～20 min。

摊青历时：根据茶树品种、温湿度、茶青嫩度等情况灵活掌握，第一、二次摊青时间为 1.5～3 h，最后一次摊青历时 15 h以上。

（4）做青环境温湿度控制特点。

一是环境温度低于 22℃、湿度低于 70% 时，就不必开启空调做青。

二是环境温度超过 22℃ 时，可将温度设置在 20～22℃ 之间。

三是环境温度低于 22℃，而湿度高于 70% 时，只需开机除湿。

由于季节、环境条件、茶树品种、制作工艺不同，特别是阴雨低温高湿等特殊天气，均需要灵活掌握晒青、做青技术。

（5）做青技术指标。

一是含水量由多到少，做青适度叶含水率为 58%～60%，比传统的 65%～68%低。

二是叶梢从硬挺逐趋萎凋，到叶质柔软，用手触摸青叶由生硬渐渐变为刺手感，直至手握如绵的弹性感。

三是叶面色泽由绿渐转为黄绿，似香蕉色，叶缘渐转为红边叶脉，透光度逐渐增大。

四是叶气味由强烈青臭味逐渐转为清香，至出现茶果香特征（茶香显露）即可进行炒青。

6. 炒青技术参数

少投叶，重炒青：做青适度叶，应及时炒青固定品质。

炒青掌握"高温、抖炒、杀老"技术原则。

高温快杀原则：杀青温度以 270～300℃为宜，要比常规杀青温度高。滚筒温度达 300℃以上时，投叶杀青，做青叶进滚筒后在滚内发出类似鞭炮的响声。为加快叶内水分的蒸发，避免闷炒叶色变黄，应减少投叶量，杀青投叶量为传统乌龙茶的 1/3，投叶量约为 5 kg。杀青历时 3～5 min，具体视季节、茶树品种及青叶老嫩程度灵活掌握。

"杀老"，是在炒熟、杀透的基础上，炒至叶边沿有些干硬，炒青叶与炒青筒摩擦发出"沙沙"的响声，手握茶叶不成团，炒青叶减重 30%～40%时为宜，比常规减少了 10%～15%。杀青适度叶含水率在 35%～40%。

7. 揉烘技术参数

空调做青茶的揉烘掌握冷包揉、低温烘焙的原则。

炒青后，摊凉——包揉（速包、解团反复 5～6 次）——初烘——复揉（速包、解团反复 5～6 次）—— 干燥。

炒青适度叶，先经 2～3 min 的短揉捻，再经摊凉和筛末，然后以速包机、平板包揉机、解团机，进行速包→球茶→解团→筛末，反复冷包揉造型 5～6 次。经冷包揉后的茶叶，在 70～75℃下进行初烘，至略有刺手感下机。

初焙后的茶叶，需经速包——球茶——解团——筛末，反复包揉造型 5～6 次，然后再进行干燥。生产上可根据需要，如此重复揉烘 2~3 遍，直至达外形要求。包揉造型中应注意经常解团散热，避免热闷影响茶叶的色泽和香味。干燥前的茶球可以定型 20~30 min 使形状更紧结。

复烘温度要逐次降低，低温干燥保色香，包揉造型适度的茶叶，要采用 60~70℃ 的低温烘焙至足干，以利于保持空调茶翠绿的色泽和高锐的清香。最后烘干毛茶含水率在 5%~6% 之间。干燥后的茶叶应及时真空密封包装与低温储藏，以避免色香味变化、降低品质。

二、空调制茶中注意的问题

（1）空调制茶是探索低温条件下"冷发酵""轻发酵"的制茶技术。在掌握做青间温湿度的同时，应注意做青间空气对流问题。因乌龙茶做青本身要求有一定的通风透气性，即需要一定的空气以促进鲜叶散发水分、低沸点青臭味和提供酶促氧化作用所需的氧气，以防做青叶无氧呼吸和吸收杂味。

（2）高温杀青、充分杀透。掌握温度 280℃ 左右，时间适当，充分杀透，以保持青叶的翠绿色泽，提高清纯的香气。

（3）包揉提倡冷揉。把杀青叶稍微摊凉后经速包机直接包揉或热揉快速解块，防止茶叶用茶巾布包起来后因湿热作用使茶叶产生灰暗色泽和闷黄香气。

（4）低温烘焙，保持香气。要掌握低温慢烘和二次烘干原则，防止毛茶含水量太高或毛茶"吃火"，保持毛茶的鲜度、香气。

（5）空调做青加工而成的产品特点。外形紧结匀整、色泽翠润，香气花香高显，滋味醇和带鲜爽，汤色蜜绿金黄，叶色绿亮。但茶叶耐储藏性较差，香气不持久，耐泡性较差。铁观音夏、暑茶空调做青的温度控制在 20~22℃，相对湿度为 60%~70%，在这种空调环境条件下做青，夏、暑茶的汤色清澈，香气较清高，苦涩味明显减少，品质大为提高。

三、空调制茶实例

2013 年 9 月 30 日至 2013 年 10 月 1 日，鲜叶采自海拔 600 m 施用有机肥的无公害茶园，茶叶分批采摘。由于采制的量多，鲜叶回来即进行分批晒青（见图 2—38）、摇青（见图 2—39～图 2—44）。9 月 30 日晴天多云，白天 28℃左右，湿度 70％左右。现以午青为例，记录的数据见表 2—3。

表 2—3 　　　　秋季铁观音空调做青数据

2013 年 9 月 30 日至 2013 年 10 月 1 日

铁观音

青房温度设置 19℃（单制冷），摇青机转速 18 r/min

摇青次数	第一次	第二次	第三次	杀青
摇青时刻	14：30	16：00	18：30	一般在凌晨时候根据青叶情况灵活掌握。本批铁观音在 10 月 1 日 8：30 进行杀青（见图 2—44）
摇青时间（min）	3	7	20	
摇青转数	54	126	360	
凉青时间（h）	1.5	2.5	12	
要点	摇匀	摇活	摇红	

成茶品质：所制毛茶达二级水平，香气幽雅兰花香，滋味鲜醇回甘，音韵明显

如图 2—45 所示为初揉，如图 2—46 所示为复揉（包揉适度叶），如图 2—47 所示为干燥毛茶，如图 2—48 所示为叶底。

图 2—38 　晒青

图 2—39　一摇后

图 2—40　二摇后

图 2—41　三摇后

图 2—42 三摇后（1 h）

图 2—43 做青适度叶

图 2—44 杀青适度叶

图 2—45 初揉

图 2—46 复揉（包揉适度叶）

图 2—47 干燥毛茶

图 2—48　叶底

模块五　漳平水仙茶饼制作

漳平水仙茶饼原产于漳平市双洋镇中村，后发展到漳平市各地。水仙茶饼，又名"纸包茶"，系用水仙品种茶树鲜叶，按闽北水仙加工工艺并经木模压造而成的一种方饼形的乌龙茶，属乌龙茶类的紧压茶，其制作工艺独特，在国内属首创。其加工工艺流程为：鲜叶——晒青——凉青——做青（摇青与凉青交替）——杀青——揉捻——造型（含造型与定型）——烘焙。

1. 鲜叶

水仙品种嫩梢持嫩性较强，鲜叶具有梗粗壮、节间长、叶张肥厚、含水量高、容易发酵红变的特点，其做青有"懒水仙"之说，制作务必精细规范。制作漳平水仙，采摘标准是采小至中开面二三叶，原则上要做到嫩度宁嫩勿老，采摘叶数宁少勿多。生产上应尽量做到不同成熟度、不同时段、不同茶园的鲜叶分开做青。

2. 晒青

水仙品种晒青程度要晒足，减重率为 10%～15%（清香型产品除外）。生产上应根据个人的做青技术、季节天气变化、做青环境条件、加工设备条件和劳力安排情况综合考虑，掌握好晒青程度。

3. 凉青

凉青方法是将晒青叶均匀铺于水筛，薄摊，上架，适度保持青房通风透气。凉青可使晒青叶叶温下降以利于做青的进行。

4. 做青

传统工艺做青前期阶段使用水筛摇青，认为水筛摇青作用力较小，青叶不会过早擦伤红变，容易控制。事实上，水筛摇青劳动强度大，技术要求高。现多采用摇青机进行。摇青机直径60 cm最宜，最大不超过70 cm。可把摇青机的长度延长，解决摇青量少的问题。转速以16~20 r/min为宜，最快不超过22 r/min。为使叶子翻转，对摇青机进行改造。中间轴承除去，改用在摇青机外侧两头用十字木板和铁圈由铁钉钉紧加固支撑。

摇青掌握轻摇、薄摊、多凉原则，随摇次增加作用力加重，且有明显的跳跃程度，才能摇出高香味浓品质。各次摇青适度感官判断与闽南乌龙茶制法基本相同。水仙茶饼后期的造型和烘焙工艺存在明显的"后续发酵"，做青发酵程度掌握比制水仙散茶略轻。

5. 杀青

杀青掌握"高温、抖炒、杀老"技术，可提高成茶香气，促进"三色茶"形成。方法是炒锅温度达270~300℃，投叶量小，如110型滚筒杀青机不宜超过15 kg，杀青适度叶含水率达58%~60%。

6. 揉捻

揉捻方法是"趁热、重压、短时"，以揉出茶汁，揉成条索为适度。

7. 定型

定型是水仙茶饼特有的工艺，是形成水仙茶饼外形特征的技术所在。定型时应注意：一是取揉捻叶应尽量均匀一致，使每包茶品质基本相同；二是包茶时要包平整四方，外观才会美观；三是每包揉捻叶厚度不宜太厚，否则影响烘焙质量，若揉捻叶过多，包茶高度偏厚，不利于茶叶烘焙，影响茶叶品质，若揉捻叶偏少，包茶费工，造成纸张浪费。茶饼规格为 5 cm（边长）×5 cm（边长）×1 cm（厚度），干燥后一小方块重 9～10 g，即 100～110 包/kg。现在茶饼规格多为 4 cm（边长）×4 cm（边长）×1 cm（厚度），成品约 150 包/kg。该规格的茶饼每包一泡，便于日常饮用冲泡。

（1）定型纸的选择。包茶的纸宜选择干净、无色、无异味，有一定硬度，大小为 18 cm×18 cm，正方形，能够起定型作用的毛边纸。现多选用茶叶专用滤纸，卫生又环保。

（2）模具规格（见图 2—49）。模具选用无味、木质较坚硬的杂木制作而成，分成四方模具和木褪两部分。四方模具高 16 cm、内径 5 cm 见方（也有 4 cm 的），其木板厚度 0.5 cm。木褪长 25 cm，底部呈 4.5 cm×4.5 cm 正方形。上部制成圆形手柄，便于手抓。

图 2—49　模具（不同规格）

（3）定型技术（见图 2—50～图 2—53）。纸包四方块茶饼在揉捻后应立即定型。其制法是用毛边纸铺在桌上，然后将四方模具放在纸上，把茶叶揉成团放入模具内，用木褪套入模具内，舂紧压实后，拿掉模具，用白纸包紧，用糯糊粘住封口，使之成为长宽约 5 cm（也有 4 cm 的），厚约 1 cm 的方形茶饼。包好的湿坯茶饼要及时烘焙。

图 2—50　装茶

图 2—51　舂紧

图 2—52　包纸

图 2—53 粘糯糊

8. 烘焙（见图 2—54）

温度是直接影响水仙茶饼品质的重要因素。为了形成水仙茶饼特有的品质特征，其干燥常采用"低温慢烤"分段进行的方法。茶叶在烘焙过程中，随着水分蒸发，在热的作用下，发生一系列化学反应，缓慢吃火，逐步形成具有香高、味醇、耐泡、回甘等特点。把包好的茶饼放在焙笼里，火温从高到低，翻动次数从多到少。漳平水仙茶使用焙笼烘焙，全程时间为 35～40 h，分两个阶段进行。

图 2—54 烘焙

初烘：初烘时，温度可掌握在 80～90℃，即手背接触茶坯有刺热感。每焙笼初烘湿坯投叶量 5～6 kg，有利于茶叶品质相一致，有利于翻拌。每隔 0.5～1 h 翻拌一次，烘到手捏茶饼边缘有硬感，应将温度降到 60～70℃继续焙，即手背接触茶坯有微热感觉，焙到手握茶饼有点刺手，大约七成干即可取出，时间为 6～8 h。摊凉 2～3 h，使茶饼内部水分向外扩散。

复烘：将初烘过的茶饼三笼并作二笼，火温再降到 40～50℃，即手背接触茶坯不烫手。每隔 1～2 h 翻拌一次，一直烘到手握茶饼"沙沙"作响，捏茶成粉即可；或用牙签穿刺茶饼中间及四周，若能刺透，则说明已足干，时间 29～32 h，每焙笼烘成干茶 4～5 kg。

同时，烘焙温度高低还应根据青叶做青状态灵活掌握。若做青叶发酵轻，烘焙温度应低些，以促进叶内化学物质转化，促使滋味转醇。做青发酵足的，烘焙温度高些，以抑制叶内化学物质转化，防止叶片红变；做青走水不足的青叶，香气低闷，滋味苦涩，可通过"做火功"来改进，烘焙时温度要求高些。

烘焙时的气候条件对烘焙技术也有影响。秋冬季节，空气干燥，相对湿度较低，有利茶叶水分蒸发，烘焙温度掌握宜低些；春夏季节，相对湿度较大，烘焙温度比秋冬要求高。此外，烘焙温度的掌握夜间比昼间高，阴天应比晴天高。

另外，烘焙还应注意：①包好的茶坯要及时烘焙，防止发生霉变。②在烘焙过程中，应勤翻拌，确保同批茶叶品质均匀一致。③在烘焙时，焙房应干净、清洁，防止烟味、异味等被茶叶吸收。④烘干后的茶叶，稍经摊凉后，才可装入茶缸，妥善保管，保持水仙茶饼特有的品质特征。

第三单元　闽北乌龙茶

模块一　闽北乌龙茶概况

一、生产概况

闽北乌龙茶产于武夷山和建瓯、建阳、水吉等地。武夷山所产乌龙茶称为武夷岩茶，是闽北乌龙茶的极品。武夷山，方圆 60 km，36 峰，99 座名岩，岩岩有茶，茶以岩命名，岩又因茶闻名。武夷岩茶又以"四大名枞"大红袍、铁罗汉、白鸡冠、水金龟最为名贵。另外，武夷岩茶还包括武夷水仙、武夷肉桂、武夷奇种等品类。建瓯、建阳、水吉等闽北地区的乌龙茶则有闽北水仙、闽北乌龙、白毛猴等名茶，其中，闽北水仙是闽北乌龙茶中的主产品。

武夷山市位于福建省西北部，武夷山脉北段南麓。全境东西宽 70 km，南北长 72.5 km，总面积 2 798 km²。北宋淳化五年（994 年）置崇安县，1989 年 8 月，经国务院批准撤县设武夷山市。武夷山市属中亚热带季风湿润气候区，四季分明，雨量充足，周边皆溪壑，与外山不相连，由三十六峰、九十九岩及九曲溪所组，自成一体。年平均气温 18～18.4 ℃，年平均降雨量 1 600～1 700 mm，年平均相对湿度 80% 左右，年平均无霜期 240 天，适宜喜温湿的茶树生长，形成武夷岩茶的"岩骨花香"。

武夷山的茶园传统上分为正岩、半岩、洲茶和外山茶茶园。

"正岩"是指地处武夷山 72 km² 核心景区内的茶园。主要分布在"三坑两涧"，即牛栏坑、慧苑坑、大口坑，流香涧、悟源涧以及内外鬼洞一带。这里土壤多砾壤，砂粒适中，富含微量元素，水、肥、气、热协调，周围深林植被繁茂，且有奇峰名岩拱卫，夏季日照短，冬季无冷风侵袭，所产正岩茶具"岩骨花香"之妙。

"半岩"是指分布在青狮岩、碧石岩等景区周边低山缓坡一带的茶园。半岩茶属武夷山范围内，三坑两涧以外和九曲溪一带山岩所产，土壤中有机质和养分含量与武夷山相差不多，但土壤酸度大，土壤质地黏重，土层较薄，所产茶品质略逊于"正岩"。

"洲茶"产于平地和沿溪两岸，土壤为冲积土，土壤肥沃，但缺乏应有的其他条件，所产茶品较次。

"外山茶"是指武夷山以外及武夷山毗邻一带所产的茶叶，品质又逊一筹。

二、主要品种及品质特征

武夷山素有品种王国之称，品种资源极其丰富，且大部分都具有独特的品质特征。武夷茶区历代茶农从武夷"菜茶"原始品种的有性群体中经过反复筛选，繁育出名目繁多的优异单株，并依据品质、形状、地点等不同特点命名了"花名"，据史书记载的茶树花名有几百种之多。各花名、单枞在长期的选育中，经进一步的提选，从中评选出名枞，并由普通名枞中再选出大红袍、白鸡冠、水金龟、铁罗汉四大名枞。

闽北乌龙茶除武夷山外主要产于建瓯、建阳、水吉等地，以水仙和乌龙品质较好。

1. 水仙（见图 3—1、图 3—2）

水仙茶是中国茶叶优良品种之一，是福建乌龙茶类中的一颗明珠，原产于闽北。早在一千年前，建阳、建瓯一带就有这种茶树，但人工栽培始于距今三百多年。

水仙茶树树冠高大，叶宽而厚。成茶外形肥壮紧结，冲泡后具兰花香，浓而醇，汤色深橙黄耐冲泡，叶底黄亮朱砂边，为武夷岩茶传统的珍品。

产于武夷山的武夷水仙干茶条索壮结沉重或肥壮紧结，叶端稍扭曲，叶张主脉宽、黄、扁，色泽绿褐油润或灰褐油润（武夷水仙带"宝光"），香气花香鲜锐或浓郁，滋味醇厚鲜爽、回甘、岩韵显、品种特征明显，汤色橙黄清澈，叶底肥软、黄亮，叶缘红边鲜红。

图 3—1　水仙茶树

图 3—2　水仙干茶

2. 肉桂（见图 3—3、图 3—4）

肉桂是武夷岩茶中著名花色品种之一。肉桂又名玉桂，原为武夷名枞之一，20 世纪 80 年代被评为省级良种。

条索壮结或紧结，叶端稍扭曲，色泽青褐泛黄带砂绿，香气辛锐或花香浓郁幽长，带乳香、桂皮香或果香，滋味醇滑甘润、岩韵显、品种特征显，汤色橙黄清澈，叶底柔软、黄亮，叶缘红边朱红鲜明。

图 3—3　肉桂茶树

图 3—4　肉桂干茶

3. 大红袍（见图 3—5、图 3—6）

大红袍，产于福建武夷山，属武夷岩茶，品质优异，是武夷岩茶四大名枞之一。纯种大红袍有别于市场上的商品大红袍。

条索紧结，叶端稍扭曲，色泽铁青带褐油润，香气浓郁持久或清幽细长，滋味醇厚甘润或清醇鲜爽、岩韵显、品种特征显，汤色橙黄，叶底柔软、黄亮，红边鲜艳、匀齐。

图 3—5 大红袍茶树

图 3—6 大红袍干茶

4. 水金龟

　　水金龟是武夷岩茶四大名枞之一。产于武夷山区牛栏坑社葛寨峰下的半崖上。因茶叶浓密且闪光模样宛如金色之龟而得此名。树皮色灰白，枝条略有弯曲，叶长圆形，翠绿色，有光泽。

　　条索紧结，叶端稍扭曲，色泽铁青油润，香气馥郁高爽，滋味醇和甘鲜、岩韵显、品种特征显，汤色橙黄，叶底软亮，绿叶红镶边。

5. 白鸡冠（见图 3—7）

图 3—7　白鸡冠

白鸡冠是武夷山四大名枞之一。在慧苑岩火焰峰下外鬼洞和武夷山公祠后山的茶树，芽叶奇特，叶色淡绿，绿中带白，芽儿弯弯又毛茸茸的，那形态就像白锦鸡头上的鸡冠，故名白鸡冠。

条索紧结，叶端稍扭曲，色泽黄褐油润。香气较浓郁持久，滋味回甘隽永，岩韵显、品种特征显（似生花生仁味），汤色橙黄，叶底绿里透红黄亮、红边明显。

6. 铁罗汉

铁罗汉，武夷传统四大名枞之一。无性系，灌木型，中叶类、中生种。原产福建省武夷山市慧苑岩之内鬼洞（亦称峰窠坑），两旁悬崖峭壁，铁罗汉树植于一狭长地带的小溪涧旁（竹窠岩长窠内亦有与此齐名之树）。

条索紧结较重实，叶端稍扭曲，色泽绿褐油润，香型独特、浓郁幽长，滋味浓厚鲜滑、岩韵显、品种特征显，汤色橙黄，叶底柔软，绿叶红镶边。

7. 闽北水仙

闽北水仙（不包括武夷水仙），是乌龙茶类的上乘佳品，也是用水仙茶树品种采制而成。始产于百余年前闽北建阳县水吉乡大湖村一带。现主产区为建瓯、建阳两县。闽北水仙茶是闽北乌龙茶中两个花色品种之一，品质别具一格。

外形条索紧结沉重，叶端扭曲，色泽油润，间带砂绿蜜黄（鳝皮色）。内质香气浓郁，具有兰花清香，汤色清澈显橙红色，滋味醇厚鲜爽回甘，叶底肥软黄亮，红边鲜艳。

闽北水仙因产地不同，分建瓯水仙和水吉水仙两种，品质略有差异。

建瓯水仙条索较粗松，汤色金黄色，浓厚鲜艳，滋味醇厚清快，叶底粗老皱缩，半开展，绿叶红镶边较少。

水吉水仙条索紧结，形状不及建瓯水仙整齐，色泽灰黑黄绿，茶汤淡薄清澈，香气较低，滋味清淡醇正，叶底细嫩，黄绿明亮。

模块二 闽北乌龙茶初制加工机械

一、采摘工具

茶篓、茶筐等。

二、晒青工具

竹筛（见图 3—8）或晒青布。

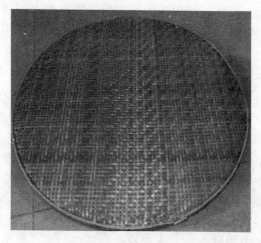

图 3—8 竹筛

三、做青机械

手工做青：竹筛、凉青架。

机械做青：凉青架、竹筛、综合做青机（见图 3—9）等。

四、杀青机械

手工杀青：炒青灶（见图 3—10）。

机械杀青：滚筒杀青机、液化气杀青机等（同闽南乌龙茶）。

图 3—9 综合做青机

图 3—10 炒青灶

五、揉捻机械

闽北乌龙茶造型除少数手工制作外，多数是采用揉捻机（见图 3—11）。

图 3—11 揉捻机

六、干燥机械

手工的有竹编焙笼（同闽南乌龙茶），也有用焙烘提香机，大生产的用自动链板烘干机（见图 3—12）。

图 3—12 自动链板烘干机

模块三　闽北乌龙茶加工工艺

　　武夷岩茶传统制作工艺宛如一支古朴的歌谣，流淌在武夷的山山水水之间。武夷岩茶传统工艺源自于民间，吸取红茶、绿茶制法精华，加上不断完善的技术措施，形成一套独特的工艺流程。基本制作工艺为：采摘（中开面）——萎凋（日光萎凋、加温萎凋）——做青（凉青、摇青）——杀青——揉捻——干燥（初焙、复焙）。

一、采摘

1. 采摘方法

　　武夷岩茶采摘时期因品种不同而定，春茶（亦称"头春"）一般在谷雨后立夏前开采，夏茶（也叫"二春"）一般在"头春"之后 30～40 天开采。

2. 采摘标准

　　武夷岩茶鲜叶采摘标准为驻芽后 1 芽 3～4 叶新梢，中开面（见图 3—13）。

图 3—13　采摘

二、萎凋

1. 萎凋方法

武夷岩茶萎凋方法有晒青和加温萎凋两种。

（1）晒青。要求薄摊，叶子均匀受热，不受损、不红变。一般在傍晚进行，气温高达34 ℃，就要停止晒青，否则易红变。依气温高低而掌握晒青时间，日光强、空气干燥，时间短；日光弱、湿度大，时间延长。晒青技术的掌握要依各品种鲜叶的理化性状不同而异。晒青不足，成茶香不高，味苦涩；晒青过度，容易产生"死青"。

（2）加温萎凋。阴雨天可使用萎凋槽（见图3—14），槽内设吹风管，送热风。萎凋质量不如晒青，但产量高。

图 3—14　萎凋槽

2. 萎凋程度

武夷岩茶萎凋适度的标准：第一叶或第二叶呈现下垂，青气减退，花香显露，减重率10%～15%，含水率68%～70%。

三、做青

做青是青茶品质形成的特有工序，也是关键工序，是凉青和摇青交替的过程。

晒青后青叶进行凉青的主要目的是散发热量，避免红变死青。方法是将晒青叶两筛并一筛，每筛摊叶量约 0.5 kg，轻轻用手抖松，而后移放到室内凉青架上，边散热、边萎凋。在凉青过程中，晒青叶的萎软状态消失，呈现鲜叶状态，俗称"走水还阳"。待叶片水分蒸发，叶片又萎软下来，俗称"消青"，此时就可以开始摇青。

做青的目的和作用有三个，第一，要实现"走水"（还阳和消青）。第二，做青叶在跳动运转过程中，叶片边缘细胞组织逐渐损伤，内含物质发生变化，叶色逐步红变。第三，做青叶在摇青和静置过程中，叶片水分缓慢蒸发。

做青的前阶段应该轻摇（少摇）、勤摇（静置时间短），以促进"走水"为主，避免损伤叶子，造成"死青"。待到"走水"走得顺利以后，则以促进红变和发酵的化学变化为主，采取重摇，提高叶温和抑制水分蒸发。

做青要求缓慢地进行内含物的转化和积累，因此做青间的门窗要关闭，使温湿度相对稳定，室温保持在 22～25℃，相对湿度要求在 80％～85％。早春寒冷天气，室温低于 20℃时就要加温。

1. 做青方法

(1) 手工做青（见图 3—15）。凉青后经过轻摇的叶子，顺序放进做青间的摇青架上，静置大约 1 h，再进行第二次摇青。摇青时叶子在水筛面上作圆周旋转和上下跳动，使叶与叶、叶与筛面碰撞摩擦，促进"走水"，碰伤叶缘细胞组织，发生局部氧化变化。但是手工摇青常出现碰撞力量不足，从第三次摇青起可以辅加"做手"（用双手收拢叶子，轻轻拍打），做手动作要先轻后重，但要避免叶子折伤，防止"走水"受阻产生"死青"。每次摇青后需将叶子捧松，堆成四周高、中间低的凹字形，堆面逐次缩小，堆叶逐次增厚，控制叶子水分蒸发速度，以及使水分分布均匀，并提高叶温、加速物质转化。摇青的转数及静置时间，一般是由少到多，再从多到少，后面的少是为了调整做青程度。

图 3—15　手工摇青

（2）机械做青。常用机械有摇青机和综合做青机两种，目前以综合做青机（见图 3—16）为主。目前生产中常用的做青程序是：吹风（热风或冷风）——机械摇动——停止静置，简称吹——摇——停。吹风时间由多到少，摇青、静置时间由少到多，经多次反复达到做青要求。工作原理是："吹风"加速叶片水分蒸发，吹风后叶子呈萎软状态即"退青"。吹风后机械转动摇青，促进梗中水分和营养物质向叶肉细胞输送，同时破坏叶片边缘细胞组织。摇青停止后青叶呈复苏状态，即"还阳"，随着静置时间延长，叶片水分蒸发速度又大于梗往叶片输送水分的速度，此时叶片又呈萎软状态即"退青"。做青过程是由退青——还阳——退青的多次反复实现"走水"及完成一系列化学变化。做青技术较复杂，影响因素较多，应根据茶树品种、鲜叶老嫩、萎凋程度、气候条件等"看青做青、看天做青"。

2. 做青程度

岩茶做青适度标准，主要观察第二叶变化程度。

（1）叶脉透明，说明"走水"完成。做青程度不到，"死青"，则叶脉不透明，色深暗。

图 3—16　综合做青机做青

（2）叶面黄绿色，叶缘朱砂红。叶缘变色，约占全叶 40％，故称"四红六绿"。红边面积太少则做青不足，太多则摇青力度偏大，都会影响品质。

（3）青气消失，散发出浓烈花香。

（4）叶缘失水较多而收缩，叶形成汤匙状，叶片柔软光滑如绸。

（5）减重率为 25％～28％，含水量 65％～68％。

若为手工做青，结束后，将叶子倒入大青篓中并不断地翻抖，俗称"抖青"。特别是午后进厂的鲜叶，要多"抖青"，以补做青过程中理化变化的不足。经"抖青"的叶子装篓待炒，但不能压得太紧，防止叶温剧增。

四、杀青

利用高温破坏酶，制止酶促氧化作用；通过热化学作用，进一步破坏叶绿素，部分多酚类化合物受热加速自动氧化，青气消失，新的高沸点芳香物得到发展，新香气形成。岩茶鲜叶成熟，又经过萎凋和做青，含水量较少，叶质脆硬，宜采用高温快炒，少透多闷，要使叶温快速升高。

1. 杀青方法

（1）手工杀青。初炒锅温 260～300℃，每锅投叶量为 0.75～1 kg，叶子下锅后双手敏捷地翻炒，速度视叶子受热程度而灵活掌握，炒青时间约 2 min，到叶子柔软粘手，青气消失，发出清香为适度。

（2）机械杀青。生产上主要采用滚筒杀青机（110 型和 90 型）（见图 3—17），当温度升至 230℃时开始投叶，110 型为 40～50 kg，90 型为 25～30 kg，杀青时间为 7～10 min。

图 3—17　滚筒杀青机杀青

2. 杀青程度

杀青标准为叶态干软，叶张边缘起白泡状，手揉紧后无溢水且呈粘手感，青气去尽呈清香即可。

五、揉捻

揉捻是形成武夷岩茶外形和茶叶制率的主要因素，采用逐步加压、快揉、热揉的方法。嫩叶揉捻轻些，老叶揉捻重些。

1. **揉捻方法**

(1) 手工揉捻。少量制作时可用竹筛进行手工揉捻，杀青叶趁热初揉（见图3—18），揉至叶子成条、茶汁外溢即可解块复炒（锅温180℃左右），迅速翻炒，炒至烫手时（10～20 s）起锅，进行复揉，揉至条索紧结为适度。此法费时费力，且效果较差，茶汤多碎末。

(2) 机械揉捻。生产上主要使用30型、35型、40型、50型、55型等专用揉茶机（其棱骨比绿茶高）。杀青叶需快速装进揉捻机趁热揉捻，以达最佳效果。装茶量需至揉桶1/2以上至满桶；揉捻掌握轻——重——轻的原则，以利于茶叶翻拌成形，全程需5～8 min。

图3—18　揉捻

2. **揉捻程度**

揉捻至茶汁溢出，条索紧结成条（见图3—19），手握成团不松开，含水量为50%～55%。

图 3—19　揉捻适度叶

六、干燥

干燥是岩茶特有香味品质风格形成的重要过程，分初焙和复焙。初焙叶经长时间摊放而后簸拣，再复焙。初焙要求高温快速烘焙，提高滋味甘醇度，发展香气和加深汤色，力求避免闷蒸现象，否则香低、味苦、色泽灰暗。复焙采用低温慢焙，使岩茶香味慢慢形成并相对固定下来。

1. 干燥方法

（1）手工烘焙（见图 3—20）。手工烘焙采用"薄摊、高温、快速"的方法，焙笼温度开始用 100～140℃，每笼摊叶量 0.7 kg，烘 4～6 min 后即可翻拌，再移到 95℃左右焙窖上，再烘 6～8 min，约至七成干结束。初焙后长时间摊放是岩茶毛火传统制法特点之一，先筛去碎末，簸去黄片和轻飘杂物后，摊在水筛上，置于凉青架，经低温、高湿的夜里摊放，待梗叶之间水分重新分布平衡，于第二天早晨再拣剔。

复焙温度 80～85℃，摊叶量 1.5 kg，一般 15 min 左右翻拌一次，火温逐渐下降，焙至足干，然后进入"吃火"工序。吃火又称"炖火"或"焙火功"。两笼并一笼，温度降到 60℃左右，并在烘笼上加盖，时间 2～4 h，直到有火香为止。

图 3—20　炭火烘焙

（2）自动烘干机烘焙（见图 3—21）。大批生产采用自动烘干机，初焙温度 120～150℃，摊叶厚度 2 cm，烘至七成干左右。初焙叶摊放 1 h 再行复焙，温度 80～90℃，摊叶厚度 5～6 cm，烘至足干。

图 3—21　自动烘干机烘焙

2. 干燥程度

烘至干茶色泽较青褐乌润，香气花香明显，梗折即断，茶条手捏即成粉末，含水率 5%～6% 为干燥适度。

第四单元　广东乌龙茶

模块一　广东乌龙茶概况

一、生产概况

广东乌龙茶产于汕头地区的潮安、饶平，丰顺、蕉岭、平远、揭东、揭西、普宁、澄海，梅县地区的大埔，惠阳地区的东莞。潮安县凤凰镇是广东省乌龙茶主产区。

主要产品有凤凰水仙、凤凰单枞、岭头单枞、饶平色种、石古坪乌龙、大叶奇兰、兴宁奇兰等。以潮安的凤凰单枞和饶平的岭头单枞最为著名。

二、主要品种及品质特征

1. 凤凰水仙（见图4—1、图4—2）

图4—1　凤凰水仙茶树

图 4—2　凤凰水仙干茶

凤凰水仙又名广东水仙、潮安水仙，别名大乌叶、大白叶。有性繁殖系品种。小乔木型，大叶类，早芽种，原产于广东省潮安县凤凰山，古称"鸟嘴茶"，又名待诏茶，后称凤凰水仙茶。1984 年 11 月通过农业部全国茶树品种审定委员会审定，认定为国家级良种。

凤凰水仙品质特点：

外形：条索挺直，条形完整，肥大壮结，色泽黄褐，光泽油润。

内质：带天然花香，芬芳持久。滋味醇厚，回甘快、强，有特殊"山韵"品味，耐冲泡，茶水隔夜不馊。汤色金黄清澈，碗壁有金圈。叶底黄亮，叶质柔暖，红边显。

凤凰水仙由于选用原料优次和制作精细程度不同，产品分为凤凰单枞、凤凰浪菜、凤凰水仙、凤凰雪片四个品级。以凤凰单枞品质最好，其次凤凰浪菜，再次凤凰水仙，最低是凤凰雪片。

　　2. 凤凰单枞（见图4—3）

图4—3　凤凰单枞茶树

　　凤凰单枞是广东乌龙茶的珍品，凤凰单枞产于广东省汕头地区潮安县乌岽山，属高山茶。该地产茶已有九百多年历史。乌龙茶制法亦系由福建传入，有百余年的历史。19世纪中叶，凤凰单枞已饮誉国际市场。

　　凤凰单枞茶系选拔优异的凤凰水仙单株，分株加工而成，且品质优异，素有"形美、色翠、香郁、味甘"之美誉。凤凰单枞是众多优异单株的总称，因香型与滋味的差异，主要有桂花香、蜜兰香、芝兰香、玉兰香、米兰香、黄枝香、杏仁香、肉桂香、柚子香、茉莉花香等十多种。

凤凰单枞品质特征：

外形：条索壮实，色泽青褐带黄润，似鲜蛙皮色，泛朱砂红点。

内质：汤色橙黄清澈，碗壁呈金黄色彩圈，香气浓烈幽长，具独特天然花香。滋味浓郁醇爽，有特殊的"山韵"蜜味。风味强，润强回甘，极耐冲泡，叶底肥厚，红边绿腹。

常见的凤凰单枞有：

(1) 宋种"东方红"，系幸存于凤凰山系中的四株宋代老名枞之一。

(2) 宋种芝兰香，幸存于凤凰山系中四株宋代老名枞之一，老枞母树共有两株，香气幽雅，有细锐的芝兰花香，滋味醇厚鲜爽，回甘力强，汤色橙黄明亮，极耐冲泡，有明显的高山老枞"特韵"。到年底茶叶出现"返春"现象，品味更佳。

(3) 宋种蜜香单枞，是幸存的四株宋代老名枞之一，因其品质特点有明显的甘薯"蜜味"，故又名"宋种红薯香单枞"。蜜香高锐持久，有花香；滋味浓厚爽口，"蜜韵"突出，饮后满口生香，回甘力强，极耐冲泡。

(4) 八仙过海单枞，又名"八仙单枞"，是凤凰单枞十大花蜜香型珍贵名枞之一，因只存活八株于一处，在乌崇山上形成八仙过海之状，故取名"八仙过海"。茶叶香型特点是有明显的白玉兰花香蜜韵。

(5) 姜花香单枞，又名"通天香单枞"，因其茶叶有突出的姜花香味，香气冲天，故茶农称之"通天香"，是凤凰单枞十大花蜜香型珍贵名枞之一，成茶天然姜花香气馥郁持久，滋味浓醇爽口，有明显的姜花"特韵"，回味甘滑，极耐冲泡，饮之齿颊生香，成茶到年底"返春"回香，香味更佳。

(6) 蛤古捞单枞，又名"老蛤蟆"，系凤凰单枞十大高香型珍贵名枞之一，因其母树形态而取名。

（7）蜜兰香单枞，成茶有"浓蜜幽兰"特韵，香气馥郁持久，滋味浓醇甘爽，回甘力较强，汤色橙黄明亮，耐冲泡。

（8）凤凰黄枝香单枞，系凤凰单枞十大花蜜香型珍贵名枞之一，因其茶叶香味有明显的黄栀子花香蜜韵而得名。黄枝香单枞有多个株系，如石古坪田料埔黄枝香、凤溪庵角黄枝香、乌崇狮头脚黄枝香（又名文佳祥种）等。

（9）玉兰香单枞，系凤凰单枞十大花蜜香型珍贵名枞之一，玉兰花香清幽馥郁，滋味浓醇鲜爽，汤色清澈明亮，饮之齿颊留香，连泡十多次香味仍存。

（10）桂花香单枞，系凤凰单枞十大花蜜香型珍贵名枞之一，桂花香气清幽细长，滋味浓醇爽口，唇舌留香，汤色橙黄明亮，耐冲泡。

（11）二矛芝兰香单枞，系凤凰单枞十大花蜜香型珍贵名枞之一，茶叶芝兰花香幽雅细长，滋味醇厚回甘，汤色橙黄明亮，极耐冲泡。

3. 岭头单枞（见图4—4）

岭头单枞茶，又称白叶单枞茶。原产于广东省饶平县坪溪镇岭头村，主产区饶平、潮安、揭东、普宁、澄海等地也有生产。该茶树品种原由饶平县坪溪镇岭头村茶农从凤凰水仙群体品种中选育而成。2002年4月通过全国农作物品种审定委员会评定认定为国家级茶树良种。岭头单枞茶素以"香、醇、韵、甘、耐泡、耐藏"六大特色而负盛名。

岭头单枞品质特点：

外形：直条紧结微弯曲，色泽黄褐光艳似鳝鱼皮。

内质：具有明显的自然花蜜香韵，香气甘芳四溢，蜜韵深远，附杯性强，汤色蜜黄、橙红，清新明亮，滋味醇厚，润滑舒畅，回甘力强而快，蜜味显现（蜜韵重），耐泡。叶底叶质柔软，叶色绿黄，红边明显（也称朱边绿腹）。饮后有甘美怡神、清心爽口之感。

图4—4　岭头白叶单枞茶树

4. 石古坪乌龙（见图4—5）

图4—5　石古坪乌龙

　　石古坪乌龙，亦称"一线红乌龙"，是产于广东潮安凤凰乡石古坪村及大质山脉一带的条形乌龙茶，系居住大质山腰石古坪村的畲族世代相传的传统栽培品种，故称为石古坪乌龙。已有400多年栽培历史，主要分布在石古坪及周边各村，《广东畲族

《研究》一书称其为"中国奇种"。

石古坪乌龙有大小叶之分，宽窄叶之别，分为细叶石古坪乌龙和大叶石古坪乌龙。细叶是当地畲族族人世代相传的品种，而大叶则是在 1958 年从细叶选育出来，叶子较大而名之。

石古坪乌龙品质特点：

细叶石古坪乌龙茶外形美观细结，匀净，色泽乌绿鲜润；内质香气芬芳馥郁，含自然花香，汤色浅黄绿，清澈亮丽，滋味醇厚鲜爽，饮后甘芳长留，山韵明显，叶底叶色嫩绿，匀齐鲜亮，叶张完整，叶缘具一线红。

大叶石古坪乌龙茶外形粗实，完整，色泽尚匀润；内质香气清高尚郁，滋味甘醇、爽口、持久，叶底明亮，耐泡性好。

不同地区广东乌龙茶品质区别见表 4—1。

表 4—1　　　　　不同地区广东乌龙茶品质区别

	条索	色泽	香气	汤色	滋味
凤凰单枞	壮直、紧结匀嫩	灰褐具光泽	浓郁花香型优雅花香，香味持久高强	金黄似茶油，茶汤清澈	自然花香，滋味鲜醇，高档茶应有山韵蜜味
岭头单枞	直条紧结微弯曲	黄褐似鳝鱼皮，油润具光泽	独特蜜香型自然花蜜香韵	橙红清澈明亮	醇厚，回甘力强，蜜味显现（蜜韵重）
石古坪乌龙	细紧	砂绿油光	清芬，清高	黄绿清澈似绿豆汤	鲜醇爽口

模块二　广东乌龙茶初制加工机械

一、传统机械

1. 采摘工具

茶篓、茶筐等。

2. 晒青工具

竹筛或晒青架等。

3. 杀青工具

滚筒杀青机。

4. 揉捻机械

揉捻机。

5. 干燥机械

竹编焙笼、烘干机等。

二、现代机械（见图4—6、图4—7）

图4—6　浪青机

图4—7　自动揉捻、解块、烘干机

模块三　广东乌龙茶加工工艺

广东乌龙一年采制春、夏、秋、冬四季茶。正常采摘时，高山茶区以春茶为多，冬茶极少。平地茶区夏茶为多，春茶多于秋茶。本节以凤凰单枞茶采制工艺为例，介绍广东乌龙茶初制。其基本工序包括：采摘、晒青、凉青、浪青（碰青）、炒青、揉捻、干燥。

一、采摘

1. 采摘方法

凤凰单枞一般为手工采制，十分精细。各枞别鲜叶严格分开，不得混杂。茶农有"三不采"的规定，即太阳过大不采，清晨不采，下雨天不采。一般在午后 2 时开始采茶，下午 4 时至 5 时结束，立即晒青，当天制完。茶树高的要拿梯子爬到树上去采。

2. 采摘标准

采摘要求严格，以小开面的驻芽二三叶嫩梢为好。

二、晒青（见图 4—8）

1. 晒青方法

晒青于下午 4 时至 5 时进行。晒青用水筛，篾制，直径约 116 cm，边高 4 cm，筛孔约 0.66 cm 见方，每筛摊鲜叶 0.5 kg。置室外晒青时，晒青时间长短由鲜叶含水量和阳光强弱而定，在气温 20～24 ℃条件下，历时 20～30 min，若气温达 28～33 ℃时，则只需晒 10～15 min。晒青时叶子不得翻动，以防机械损伤而造成青叶变红。

2. 晒青程度

当叶面失去光泽，叶色转暗绿、叶质柔软、顶叶下垂、略有芳香时，即为晒青适度，鲜叶失水率约 10 ％。

图4—8　晒青

三、凉青（见图4—9）

图4—9　凉青

晒青后水筛移入室内凉青架上，让晒青叶散热，减缓水分蒸发速度，使梗叶水分重新分布，历时20～40 min。凉青后，叶子逐渐恢复紧张，呈"还阳"状态，此时进行并筛。将2～3筛凉青叶并为一筛，轻翻动后，堆成浅"凹"形，移入浪青间，按枞别顺序排列，准备浪青。

四、浪青（见图4—10）

浪青是形成凤凰单枞香味的关键工序。浪青间要求凉爽，室温稳定，以20～24℃、相对湿度80％～85％为宜。浪青次数依鲜叶品种、老嫩、晒青程度和天气状况灵活掌握。浪青一般分为5～7次，全程需10～14 h。

图4—10　浪青

1. 浪青方法

第一次浪青于晚上8时开始，将叶集中在水筛中央。用双手轻轻翻拌几下，然后摊开，静置2 h后，青气退，稍有青花香出现，可进行下一次浪青。

第二次浪青，先轻拌几下，并结合"做手"（即碰青），此次做手2次（每次碰3下），浪青后将叶摊成"凹"形。做手使叶子之间轻度碰撞，叶面或叶缘细胞微有损伤。浪青后散发轻微青气，静置约 2 h。青气退青花香增浓，可继续浪青。

第三次浪青应逐渐加强做手，将手指张开，双手抱叶，上下抖动，叶子互相碰击，叶缘或叶面细胞损伤加重，做手 4～5 次，3～5 min，做手后静置，待叶缘红点显现，有微弱兰花香气出现时进行并筛。将 3 筛并为 2 筛，并筛后将筛摇几下，使叶收拢厚堆，以促进发酵。经第三次浪青，叶与筛缘或筛面的摩擦加重，叶缘或叶面细胞破坏加深。静置 2 h 后，青花香较浓，带有轻微醇甜香气，再继续浪青。

第四、五次浪青是关键，方法与第三次相同，但手势加重，一般做手 6～8 次，做手后收堆静置。若未达到浪青适度，可进行第六次、第七次浪青。最后一次浪青结束后，静置 1 h，花果香浓郁，略带清甜香味。

2. 浪青程度

当浪青叶叶脉透明，叶面黄绿，叶缘朱砂红，叶面红绿比例约为三红七绿，叶呈汤匙状，手摸叶面有柔感，翻动时有"沙沙"声，香气浓郁，则为浪青适度，应立即炒青。若浪青不足，做青叶显青气，香气低沉不纯，成茶汤色暗浊，滋味苦涩；碰青过度或静置时间过长，堆叶过厚，导致叶温过高，叶内化学变化过度，做青叶蜜糖香味过浓，成茶香气低淡，叶底死红不活。

五、炒青

凤凰单枞数量极少，一般手工杀青，手工揉捻，也可配以专用小型揉捻机。

1. 炒青方法（见图 4—11）

凤凰单枞采用两炒两揉。手工炒青用平锅或斜锅，锅径72～76 cm，锅温 140～160 ℃，每锅叶 1.5～2 kg，手炒时用"先闷、中扬、后闷"的炒法，先迅速提高叶温，促进水分蒸发，再炒熟炒透，提高香气，中期扬炒，散发水汽，防止闷黄，后期闷炒，控制水分蒸发，达到杀匀、杀透、杀适度的目的，历时 5～8 min。

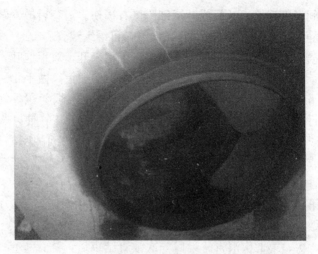

图 4—11 传统炒青

2. 炒青程度

炒青适度，叶香味清纯，叶色由青绿转黄绿，叶片皱卷柔软，手握略带粘手感，含水率 60％～65 ％。

六、揉捻

1. 揉捻方法（见图 4—12）

炒青后稍透散水分，便可揉捻。揉捻应掌握"趁热、适量、快速、短时"原则，加压要"轻、重、轻"，转速控制"慢、快、慢"。手工揉捻每次揉炒青叶 1 kg，以手掌能握住为度。揉 5 min后复炒，复炒锅温较低，为 80～100℃。揉叶下锅后，慢慢翻炒，约 3 min，使叶受热柔软，黏性增加，利于复揉时紧结条索。起锅后立即复揉，揉时用力先轻后重，中间适当解块，避免茶团因高温高湿而产生闷味。

2. 揉捻程度

条索紧卷，茶汁渗出，叶细胞损伤率 30％～40％为适度。揉后及时上烘，切忌堆积过久，否则成茶汤色暗红浑浊，滋味闷浊欠爽。

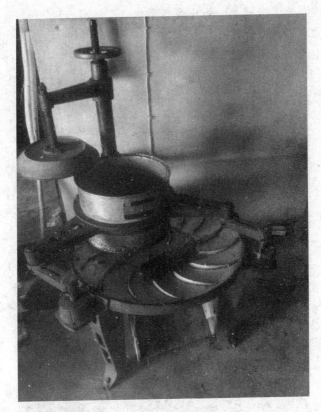

图 4—12　揉捻

七、干燥

1. 干燥方法

凤凰单枞采用手工烘焙干燥。分初焙、摊凉、复焙三个步骤，烘焙温度先高后低。低温慢焙，高级茶温度宜低，时间宜短，低级茶温度宜高，时间宜长。

初烘用焙笼，每笼摊放揉叶 0.5 kg，烘温 80～90℃，每 2～3 min 翻拌一次，约 10 min 可达五六成干。倾出摊于竹匾上摊凉，至常温时，梗叶水分分布均匀。

复焙时将初烘三笼拼二笼，烘温 50～60℃，复烘后期用干净的竹匾盖于焙笼上，防止香气散失，2～3 h后足干。也有用烘箱的，每筛摊放揉叶 1 kg 左右，如图 4—13 所示。现代、大型的生产则采用自动化揉捻、解块、烘干机完成后三道工序，如图 4—14 所示。

图 4—13　烘干

2. 干燥程度

烘至足干，毛茶含水率约 4% 时下机摊凉。杀青至烘干全程约需 3 h。

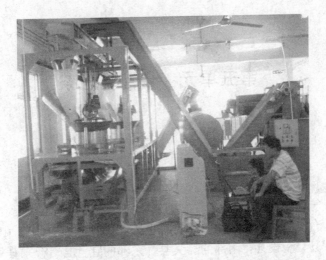

a)

b)

图 4—14　自动化揉捻、解块、烘干

第五单元　台湾乌龙茶

模块一　台湾乌龙茶概况

一、生产概况

台湾乌龙茶分布在北部的新北县、台北县、苗栗县，中部的台中县、南投县，南部的嘉义县，东部的宜兰县、台东县等地。中南部的南投、嘉义产量最多。有"南乌龙，北包种"之美称，即南投县鹿谷乡冻顶乌龙和新北市文山包种。

台湾乌龙茶品种源自福建，系清代由福建传入台湾，以后逐渐发展起来的。据记载，清咸丰五年，一位叫林凤池的台湾人到福建应试举人，中举后，带了36棵乌龙茶苗回台湾，分别种在了南投县鹿骨乡粗坑自己屋旁、小半天南坪山以及冻顶山三处。后在冻顶山茶园试种成功并传播，取名冻顶乌龙。在清光绪年间，木栅人张乃妙、张乃干兄弟俩将祖籍安溪的铁观音茶苗引入台湾，在台湾木栅区樟湖山种植成功。从此，木栅铁观音声名远扬，成为台湾铁观音的主要产区。

其制茶技术，初期沿用福建武夷岩茶的半发酵制法，经过百余年来的改良，现在已自成体系。

台湾乌龙茶，指所有生产环节和包装都在台湾本岛完成的茶叶。制作过程采用台湾茶叶加工工艺而种植地区不在台湾本岛的台湾风味茶叶称为"台式茶"。

台湾乌龙茶花色品种有二三百个，主要有冻顶乌龙茶、文山包种、椪风茶（白毫乌龙茶、东方美人）、金萱、翠玉、四季春等。

台湾乌龙茶从外形上可分为条形（东方美人）、半球形（冻顶茶）、球形等。

二、主要品种及品质特征

1. 冻顶乌龙（见图5—1、图5—2）

图5—1　冻顶乌龙茶树

图5—2　冻顶乌龙干茶

冻顶乌龙茶，被誉为台湾茶中圣品。产于台湾省南投鹿谷乡冻顶山，采用青心乌龙茶树品种鲜叶制作，故名冻顶乌龙。冻顶为山名，乌龙为品种名。

冻顶乌龙条索紧结弯曲，色泽墨绿带有青蛙皮般的灰白点，干茶具有强烈的芳香。冲泡后香气近似桂花香，汤色略呈橙黄色，滋味醇厚甘润，喉韵回甘强，叶底边缘有红边，叶中部呈淡绿色。

2. 文山包种（见图5—3、图5—4）

图5—3 文山包种茶树

图5—4 文山包种干茶

文山包种茶，是台湾乌龙茶种发酵程度最轻的乌龙茶。它产于台湾北部的台北市和桃园等县，其中以台北文山地区所产制的品质最优，香气最佳，所以习惯上称之为"文山包种茶"。文山包种和冻顶乌龙系姊妹茶，享有"北文山、南冻顶"之美誉。

　　文山包种具有"香、浓、醇、韵、美"五大特色。外观呈条索状，色泽墨绿，汤色蜜绿鲜艳带黄金，香气清香幽雅似花香，滋味甘醇滑润带活性。

　　3. 东方美人（见图5—5）

　　东方美人茶是台湾独有的名茶，又名膨风茶，因其茶芽白毫显著，又名为白毫乌龙茶，是半发酵青茶中发酵程度最重的茶品，一般的发酵度为60%，有些则多达75%～85%，故不会产生任何生青臭味，且不苦不涩。主要产地在台湾的新竹、苗栗一带，近年台北坪林、石碇一带亦是新兴产区。

图5—5　东方美人干茶

　　4. 金萱（见图5—6、图5—7）

　　金萱为茶树品种名称，主要产地在南投及嘉义，是台湾茶叶改良场以硬枝红乌龙作父本、台茶8号做母本，经过四十多年的培育，1980年成功培育出排列第12号的新品种，命名台茶12号，这是金萱学名的由来。金萱在台湾种植面积相当广。

　　金萱茶树采制的半球形包种茶，就叫金萱茶。金萱干茶色泽翠绿有光泽，茶汤呈清澈蜜绿色，滋味清纯滑润，带有淡淡天然奶香及花香，风味独特，喉韵甚佳。

图 5—6　金萱茶树

图 5—7　金萱干茶

5. 翠玉

翠玉学名为台茶 13 号，由台湾茶叶改场以硬枝红乌龙为母本，台农 80 号为父本杂交育种而成。树型较直立，叶子颜色较深绿，幼芽微带紫色，茶树长势和产量略逊、芽密度较低外，其余特性与台茶 12 号相近。适制包种茶及乌龙茶，属中生种。

翠玉茶的典型特征是香气似野姜花香，茶汤清甜浓郁，汤色蜜金色。

模块二　台湾乌龙茶初制加工机械

台湾乌龙茶的生产较其他产区先进，所用机械亦比较先进。

1. 采摘工具（见图5—8、图5—9）

单人采茶机、双人采茶机。

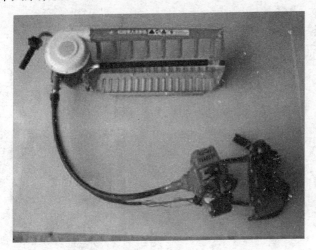

图5—8　单人采茶机

图5—9　双人采茶机

2. 晒青工具

晒青布、遮阳网等。

3. 杀青工具

液化气杀青机。

4. 揉捻机械

望月式揉捻机（见图 5—10）、速包机、平板包揉机、松包机。

5. 干燥机械

链板式烘干机等（见图 5—11）。

图 5—10　望月式揉捻机　　　　图 5—11　链板式烘干机

模块三　台湾乌龙茶加工工艺

冻顶乌龙茶属中发酵（做青程度约 40%）、轻焙火型。采制工艺十分讲究，鲜叶为青心乌龙等良种芽叶。其加工工序：鲜叶采摘——日光萎凋（晒青）——凉青——室内萎凋（静置与搅拌）——炒青——揉捻——初烘——布包整形——干燥。本节以某台式乌龙茶初制为例，介绍台湾乌龙茶的初制工艺。

一、鲜叶采摘

台湾乌龙茶采制要求：雨天不采，带露不采，晴天要在上午 11 时至下午 3 时采摘。由于台湾采茶机械化水平比较高，多数采用采茶机进行采摘（见图 5—12）。

图 5—12　双人采茶机采摘

1. 采摘时间（见表 5—1）

表 5—1　　　　　　　台湾乌龙茶采摘时间

季节	春茶	3 月中旬至 5 月上旬
	夏茶	5 月下旬至 8 月中旬
	秋茶	8 月中旬至 10 月下旬
	冬茶	10 月下旬至 11 月中旬
午别	早青	上午 11 时前采的茶青
	午青	上午 11 时以后至下午 3 时以前采的茶青
	晚青	下午 3 时以后采的茶青

不同午别茶青分别放置、加工。每日不同时间采摘的茶青品质是以午青时段最佳。

2. 采摘标准

茶青的成熟度选择小开面一芽二叶嫩梢最为理想。采茶也必须重视嫩度标准齐一，不管是一芽二叶或对夹叶嫩采都必须坚持，采折点尽量接近上缘叶附近，这样茶叶剔梗精制较为省事，品质也较易保持。茶青太嫩则走水、发酵不易控制，茶香不易产生，且茶汤容易带有苦涩感；而茶青过老则纤维化，茶汤滋味淡薄，不耐冲泡且不易整形。因此，适中的茶青是制造优良冻顶乌龙的第一步。茶青进厂后须薄摊散热，以免发热红变，特别是初秋高温季节。

二、日光萎凋（见图5—13）

1. 萎凋方法

将鲜叶薄摊于筛篱上或麻布上，每平方米0.4～0.6 kg。置于弱光下，温度以30～35℃为佳，不超过40℃，以免发生晒伤红变死青现象。阳光过于强烈时应有遮阳网，阴天或晚青则需人工辅助设备。

2. 萎凋程度

萎凋以手触摸茶青有如摸天鹅绒的柔软之感，并散发一种清香、第二叶失去光泽为适度。

图5—13　日光萎凋（晒青）

三、做青（室内萎凋）

1. 做青方法（见图5—14）

即静置与搅拌，是品质形成的关键工序，是产生冻顶茶香和味的重要阶段，此时走水和发酵互相作用，此阶段时间长短和茶汤活力关系密切。将茶青移入做青间，温度23～25℃，静置1～2 h，即凉青。等茶青水分继续散发，叶态萎软、散发清香时开始第一次搅拌，时间要短，动作要轻，以免积水。搅拌次数全程以3～5次为宜，每隔1～2 h搅拌一次，并要逐渐增加搅拌时间和加长静置时间。

2. 做青程度

此工序一般6～10 h可以完成。最后一次搅拌后静置到青味消失、清香气渐强为做青完成。

图5—14　做青

四、炒青

1. 炒青方法（见图5—15）

炒青宜适度高温快炒、扬炒、闷炒交互运用，使得产生的水蒸气快速提高叶温而限制酶的活性，如此炒出之茶叶色泽鲜翠、气清味甜。

使用圆筒式炒青机炒青时，当温度计显示 260～280℃ 时即可投叶炒青，每筒投叶量 10～15 kg，时间 4～6 min。该机设有排湿通气装置，一般投叶后约 2 min，见筒内蒸汽扩散时可鼓风 1～1.5 min，做到透、闷结合，适时排气，避免水闷味出现。

图 5—15　炒青

2. 炒青程度

经过 3～4 min 后，原有"啪啪"声渐弱，青味渐失清香显露，叶片柔软，手握炒青叶成团，不易弹散，有黏性，茶梗及叶脉柔软，揉之不出水，没有刺手感，即为适度。炒青后茶叶减重率达 35%～40%。

五、揉捻

1. 揉捻方法（见图 5—16）

炒青叶下机后，用双手翻动 1～2 次，热气消散后，即可投叶揉捻。炒青叶趁热揉捻，条索紧结形优。揉捻过程应视揉叶量调整压力，揉捻结束前先松压，条索才能紧结完整，便于布包整形。

揉叶下机后可用松包机或解块筛分机解块或用人工进行解块，以散发部分水分和热量，避免揉叶因闷热过久而变质。解散团块还有利于干燥均匀。通常在解块后 30 min 应进行初烘。

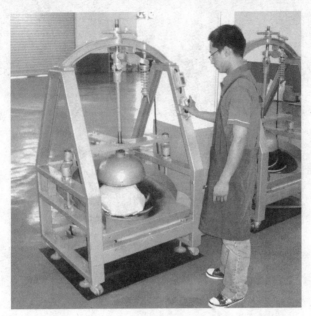

图 5—16　揉捻

2. 揉捻程度

揉捻时间 3～5 min，当揉叶完全卷曲、紧结成条、茶汁适度挤出附着于茶条表面时即为适度。

六、初烘

1. 初烘方法（见图 5—17）

初烘机具可用自动烘干机或烘笼。烘干机进口风温为 110～150℃，摊叶厚 2～3 cm，历时约 15 min。初烘要求迅速去除部分水分，增强茶条可塑性，便于包揉整形。初烘下机后立即将茶条均匀摊放在筛篾上使之散热、回潮，促使茶条内部水分分布均匀。经摊凉回润后再进行布包整形容易卷曲成形且碎茶少。

2. 初烘程度

初烘适度叶以手感微刺手，含水率为 30％～35％为宜。

图 5—17　初烘

七、布包整形

1. 整形方法（见图 5—18）

整形的基本过程是：炒热——速包——松包——速包——球茶机包球，共需 10～15 min。经过 2 个周期后可省去球茶机作业，重复炒热——速包——松包——速包——静包定形作业 4～6 周期，这样全程 6～8 周期。

此工序为球形或半球形外形的成形过程，作业特点是炒热整形。选用的配套机具有圆筒式炒青机、速包机、松包机、球茶机，配备一些包揉布和特制茶袋，布质要求卫生、柔软、光滑、韧性好、耐磨，大小为 78 cm×78 cm。速包机、球茶机对布包叶量、体积大小有一定要求，叶量过多或过少均不利于成形。故整形前须先将初烘叶称重分装，一般每包 6～8 kg。

2. 整形程度

速包程度起初不宜过紧，以免产生扁条、团块；前期静包时

图 5—18 整形

间不宜长，以防闷热。随炒热次数的增加，速包程度渐紧，静包定形时间渐长。通常在茶条已紧结成球形或半球形、茶坯已冷却时，可束紧布巾固定 60 min 左右，使其成为紧缩的球形，而后即行解包，进入复烘足干。

八、干燥

1. 干燥方法（见图 5—19）

通过复烘足干去除多余水分，防止茶叶劣变，促进茶叶紧结外形、发展香味。通常用自动式烘干机或手拉式烘干机或烘笼均可。采用 2 次干燥方法最适宜，避免茶带焦气、水未干。烘干机进口风温 105～110℃，摊叶厚 2～3 cm，烘时 24 min 左右。下烘叶立即摊凉 30～60 min（避免外干内湿），而后再进行足干。

2. 干燥程度

使茶叶水分控制在 5% 左右，手捻呈粉末状，外观色泽油润，干嗅茶香明显。下机后冷却，及时装袋，待精制加工。

图5—19 干燥

培训大纲建议

一、培训目标

通过培训，培训对象可以在茶叶加工点、茶厂、茶叶基地等茶叶初制岗位从事乌龙茶初制加工工作。

1. 理论知识培训目标

（1）了解乌龙茶的产区分布与基本概况。

（2）掌握乌龙茶初制加工基本工序及作用。

（3）了解各产区乌龙茶主要品种及初制加工的工具与机械。

（4）掌握各产区乌龙茶加工的方法与做青技巧。

2. 操作技能培训目标

（1）了解各产区乌龙茶采摘的标准。

（2）根据生产需要，懂得配备加工所需工具与机械。

（3）掌握各产区乌龙茶的晒青、做青、杀青、造型、干燥工艺。

二、培训课时安排

总课时数：100 课时

理论知识课时：40 课时

操作技能课时：60 课时

具体培训课时分配见下表。

培训课时分配表

培训内容	理论知识课时	操作技能课时	总课时	培训建议
第一单元　乌龙茶加工概况	7	4	11	重点：乌龙茶的加工工序
模块一　乌龙茶分类及产区分布	1	0	1	难点：做青工艺，做

培训内容	理论知识课时	操作技能课时	总课时	培训建议
模块二　乌龙茶加工基本工序	6	4	10	青适度的掌握 建议：结合实践，讲解
第二单元　闽南乌龙茶	12	20	32	重点：闽南乌龙茶品种、加工机械；铁观音的加工工序 难点：铁观音做青工艺、空调做青工艺 建议：结合实践，讲解
模块一　闽南乌龙茶概况	4	0	4	
模块二　闽南乌龙茶初制加工机械	2	0	2	
模块三　闽南乌龙茶加工工艺	2	12	14	
模块四　空调制茶工艺	2	4	6	
模块五　漳平水仙茶饼制作	2	4	6	
第三单元　闽北乌龙茶	7	12	19	重点：闽北乌龙茶品种、武夷岩茶的加工工序 难点：武夷岩茶做青工艺 建议：结合实践，讲解
模块一　闽北乌龙茶概况	4	0	4	
模块二　闽北乌龙茶初制加工机械	1	0	1	
模块三　闽北乌龙茶加工工艺	2	12	14	
第四单元　广东乌龙茶	7	12	19	重点：广东乌龙茶品种及加工工序 难点：广东乌龙茶浪青工艺 建议：结合实践，讲解
模块一　广东乌龙茶概况	4	0	4	
模块二　广东乌龙茶初制加工机械	1	0	1	
模块三　广东乌龙茶加工工艺	2	12	14	
第五单元　台湾乌龙茶	7	12	19	重点：台湾乌龙茶品种及加工工序 难点：台湾乌龙茶搅拌工艺 建议：结合实践，讲解
模块一　台湾乌龙茶概况	4	0	4	
模块二　台湾乌龙茶初制加工机械	1	0	1	
模块三　台湾乌龙茶加工工艺	2	12	14	

参 考 文 献

[1] 张木树. 乌龙茶审评 [M]. 厦门：厦门大学出版社，2011.

[2] 陈郁榕. 细品福建乌龙茶 [M]. 福州：福建科学技术出版社，2010.